やりきれるから自信がつく!

✓ 1日1枚の勉強で, 学習習慣が定着!

◎目標時間に合わせ, 無理のない量の問題数で構成されているので,
「1日1枚」やりきることができます。

◎解説が丁寧なので, まだ学校で習っていない内容でも勉強を進めることができます。

✓ すべての学習の土台となる「基礎力」が身につく!

◎スモールステップで構成され, 1冊の中でも繰り返し練習していくので,
確実に「基礎力」を身につけることができます。「基礎」が身につくことで, 発
展的な内容に進むことができるのです。

◎教科書に沿っているので, 授業の進度に合わせて使うこともできます。

✓ 勉強管理アプリの活用で, 楽しく勉強できる!

◎設定した勉強時間にアラームが鳴るので, 学習習慣がしっかりと身につきます。

◎時間や点数などを登録していくと, 成績がグラフ化されたり,
賞状をもらえたりするので, 達成感を得られます。

◎勉強をがんばると, キャラクターとコミュニケーションを
取ることができるので, 日々のモチベーションが上がります。

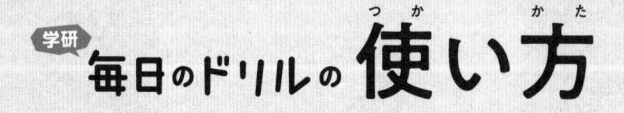

❶ 1日1枚, 集中して解きましょう。

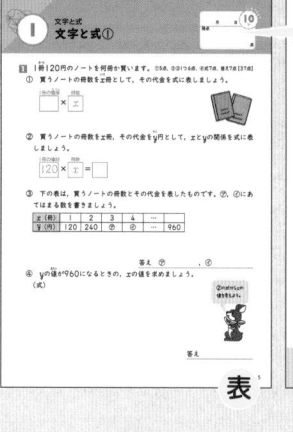

表

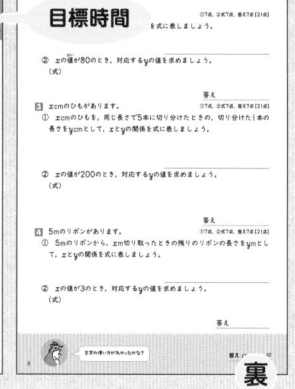

裏

◎ 1回分は, 1枚 (表と裏) です。
1枚ずつはがして使うこともできます。

◎ 目標時間を意識して解きましょう。
アプリのストップウォッチなどで, かかった時間をはかるとよいです。

・巻末の「まとめテスト」で, この本の内容が身についたか確認できます。

❷ 答え合わせをしましょう。

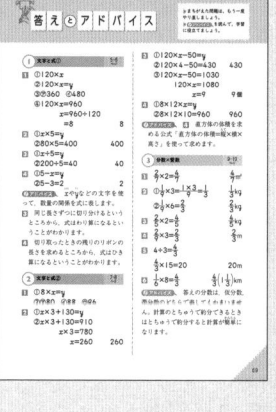

・本の最後に, 「答えとアドバイス」があります。

・答え合わせをして, 点数をつけましょう。

できなかった問題を
解き直すと,
より力がつくよ!

❸ アプリに得点を登録しましょう。

・アプリに得点を登録すると, 成績がグラフ化されます。
・勉強すると, キャラクターが育ちます。

♪毎日のドリル♪ 勉強管理アプリ

「毎日のドリル」シリーズ専用、スマートフォン・タブレットで使える無料アプリです。1つのアプリで、シリーズすべてを管理でき、学習習慣が楽しく身につきます。

1 「毎日のドリル」の学習を徹底サポート!

勉強中
0分20秒
目標：15分00秒
いったん ていし ストップウォッチ

毎日の勉強タイムをお知らせする「タイマー」

かかった時間を計る「ストップウォッチ」

勉強した日を記録する「カレンダー」

入力した得点を「グラフ化」

毎日勉強時間を意識しよう!

2 キャラクターと楽しく学べる!

さかだちは とくいだ

好きなキャラクターを選ぶことができます。勉強をがんばるとキャラクターが育ち、「ひみつ」や「ワザ」が増えます。

3 1冊終わると、ごほうびがもらえる!

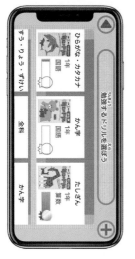

ひらがな・カタカナ 1年 国語
全科
かん字 1年 国語
たしざん 1年 算数
勉強するドリルを選ぼう

ドリルが1冊終わるごとに、賞状やメダル、称号がもらえます。

これは やる気が でるっちゅ!

4 漢字と英単語のゲームにチャレンジ!

漢字のよみがなを当てよう
0分01秒
川 正 四 出
かわ しゅう よん せい
よん

ゲームで、どこでも手軽に、楽しく勉強できます。漢字は学年別、英単語はレベル別に構成されており、ドリルで勉強した内容の確認にもなります。

自己ベスト更新目指そう!

アプリの無料ダウンロードはこちらから!
https://gakken-ep.jp/extra/maidori/

【推奨環境】
■各種Android端末：対応OS Android6.0以上
■各種iOS（iPadOS）端末：対応OS iOS10以上

※対応OSであっても、Intel CPU (x86 Atom)搭載の端末では正しく動作しない場合があります。
※対応OSや対応機種については、各ストアでご確認ください。
※お客様のネット環境および携帯端末によりアプリをご利用できない場合は、当社は責任を負いかねます。ご理解、ご了承くださいますよう、お願いいたします。

文字と式①

1 1冊120円のノートを何冊か買います。　①5点，②③1つ6点，④式7点，答え7点【37点】

① 買うノートの冊数を x 冊として，その代金を式に表しましょう。

1冊の値段 　　冊数
〔　　〕 × 〔 x 〕

② 買うノートの冊数を x 冊，その代金を y 円として，x と y の関係を式に表しましょう。

1冊の値段 　　冊数
〔 120 〕 × 〔 x 〕 = 〔　　〕

③ 下の表は，買うノートの冊数とその代金を表したものです。⑦，⑦にあてはまる数を書きましょう。

x（冊）	1	2	3	4	…	
y（円）	120	240	⑦	⑦	…	960

答え　⑦ 　　　　　　　，⑦ 　　　　　　　

④ y の値が960になるときの，x の値を求めましょう。
（式）

②の式から x の値を考えよう。

答え

2 １個x円のみかんを5個買います。　　　　　①7点，②式7点，答え7点【21点】

① 代金をy円として，xとyの関係を式に表しましょう。

_____

② xの値が80のとき，対応するyの値を求めましょう。
（式）

答え _____

3 $x$cmのひもがあります。　　　　　①7点，②式7点，答え7点【21点】

① $x$cmのひもを，同じ長さで5本に切り分けたときの，切り分けた１本の長さを$y$cmとして，xとyの関係を式に表しましょう。

_____

② xの値が200のとき，対応するyの値を求めましょう。
（式）

答え _____

4 5mのリボンがあります。　　　　　①7点，②式7点，答え7点【21点】

① 5mのリボンから，xm切り取ったときの残りのリボンの長さをymとして，xとyの関係を式に表しましょう。

_____

② xの値が3のとき，対応するyの値を求めましょう。
（式）

答え _____

文字の使い方があかったかな？

答え ▶ 69ページ

文字と式②

月　　日

得点

点

1 縦の長さが8cmの長方形があります。　　　　　　　　1つ5点【20点】

① 横の長さを$x$cm, 面積を$y$cm²として, xとyの関係を式に表しましょう。

縦の長さ　横の長さ　面積

$$8 \times x = \boxed{}$$

長方形の面積は
縦×横で求められるね！

② 下の表は, 横の長さと面積を表したものです。⑦, ⑦, ⑰にあてはまる数をかきましょう。

x (cm)	9	10	11	12
y (cm²)	72	⑦	⑦	⑰

答え　⑦　　　　　,⑦　　　　　,⑰　　　　　

2 同じ値段のケーキ3個と, 130円のジュースを1本買いました。

①7点, ②式7点, 答え7点【21点】

① ケーキ1個の値段をx円, 代金の合計をy円として, xとyの関係を式に表しましょう。

ケーキの値段　個数　ジュースの値段

$$\boxed{} \times \boxed{} + \boxed{} = \boxed{}$$

② yの値が910になるときの, xの値を求めましょう。

（式）

答え

3 |個|20円のりんごを何個か買ったら50円安くしてくれました。

①7点，②③式7点，答え7点【35点】

① りんごの個数を x 個，代金を y 円として，x と y の関係を式に表しましょう。

_____

② x の値が4のとき，対応する y の値を求めましょう。
（式）

答え _____

③ 代金が|030円であったとき，りんごを何個買いましたか。
（式）

答え _____

4 縦の長さが8cm，横の長さが|2cmの直方体があります。

①8点，②式8点，答え8点【24点】

① 高さを x cm，体積を y cm³ として，x と y の関係を式に表しましょう。

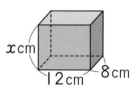

_____

② x の値が|0のとき，対応する y の値を求めましょう。
（式）

答え _____

アプリに，得点を登録しよう！

答え ▶ 69ページ

3 分数×整数

月　　日　　10分

得点

点

1 １dLで，板を $\frac{2}{7}$ m²ぬれるペンキがあります。このペンキ２dLでは，板を

何m²ぬれますか。

式6点，答え6点【12点】

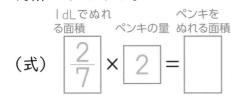

（式）　$\frac{2}{7}$ × 2 = □

１dLでぬれる面積　ペンキの量　ペンキをぬれる面積

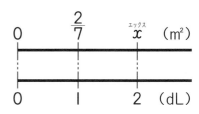

答え _____

2 ホットケーキを１枚つくるのに，小麦粉を $\frac{1}{9}$ kg

使います。　　　　　　　　　　式6点，答え6点【24点】

① このホットケーキを３枚つくるには，小麦粉を何

kg使いますか。

（式）　$\frac{1}{9}$ × 3 = $\frac{□ × □}{□}$ = □

↑とちゅうで約分する。

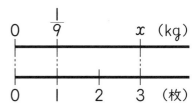

答え _____

② このホットケーキを６枚つくるには，小麦粉を何kg使いますか。

（式）

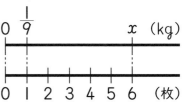

答え _____

3 1mの重さが$\frac{2}{5}$kgの鉄の棒があります。この鉄の棒の2mの重さは、何kgですか。

式8点，答え8点【16点】

（式）

答え _____

4 1本が$\frac{2}{9}$mのテープを，3本つくろうと思います。テープは何m必要ですか。

式8点，答え8点【16点】

（式）

答え _____

5 4mのひもを3等分して荷づくりのひもをつくります。このようなひもを15本つくるには，何mのひもがいりますか。

式8点，答え8点【16点】

（式）

答え _____

6 駅から市役所までの道のりは$\frac{1}{6}$kmあります。駅から学校までの道のりは駅から市役所までの道のりの8倍あるそうです。駅から学校までの道のりは何kmありますか。

式8点，答え8点【16点】

（式）

答え _____

よくできたね！おつかれさま。

答え ▶ 69ページ

分数のかけ算・わり算
分数÷整数

月　　　日
得点

点

1 2dLで, 板を$\frac{3}{5}$m²ぬれるペンキがあります。このペンキ1dLでは, 板を何m²ぬれますか。

式6点, 答え6点【12点】

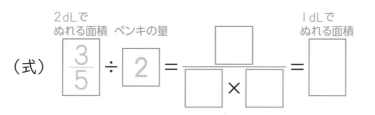

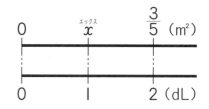

答え ＿＿＿＿＿＿

2 さとうが$\frac{6}{7}$kgあります。このさとうを, 3つのふくろに同じ重さになるように分けます。1つのふくろのさとうの重さは, 何kgになりますか。

式6点, 答え6点【12点】

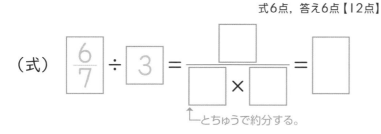

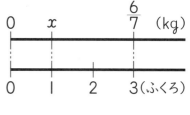

答え ＿＿＿＿＿＿

3 面積が$\frac{16}{3}$cm², 底辺の長さが4cmの平行四辺形があります。この平行四辺形の高さは何cmですか。

式6点, 答え6点【12点】

(式)

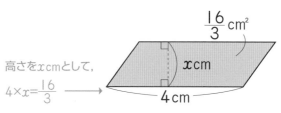

高さを$x$cmとして,
$4 \times x = \frac{16}{3}$

答え ＿＿＿＿＿＿

11

4 $\frac{4}{5}$mのリボンがあります。5等分すると，1本の長さは何mになりますか。

（式）

式8点，答え8点【16点】

答え _____

5 鉄の棒3mの重さをはかったら，$\frac{3}{4}$kgありました。この鉄の棒1mの重さは，何kgですか。

式8点，答え8点【16点】

（式）

答え _____

6 まわりの長さが$\frac{20}{3}$cmの正方形があります。1辺の長さは何cmですか。

式8点，答え8点【16点】

（式）

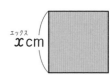

答え _____

7 面積が$\frac{27}{2}$cm²で，高さが6cmの平行四辺形があります。この平行四辺形の底辺の長さは何cmですか。

式8点，答え8点【16点】

（式）

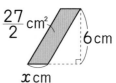

答え _____

分数÷整数の問題ができたね！

答え ▶ 70ページ

1 1dLで，板を $\frac{4}{7}$ m²ぬれるペンキがあります。このペン

キ $\frac{2}{3}$ dLでは，板を何m²ぬれますか。　　式6点，答え6点【12点】

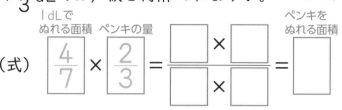

（式）

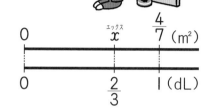

【分数のかけ算のしかた】
分母どうし，分子どうし
をそれぞれかける。　$\dfrac{b}{a} \times \dfrac{d}{c} = \dfrac{b \times d}{a \times c}$

答え _____

2 1m²の重さが $\frac{5}{6}$ kgの板があります。　　式6点，答え6点【24点】

① この板 $\frac{3}{4}$ m²の重さは何kgですか。

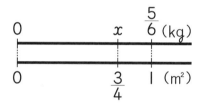

（式） $\boxed{\frac{5}{6}} \times \boxed{\frac{3}{4}} = \dfrac{\boxed{} \times \boxed{}}{\boxed{} \times \boxed{}} = \boxed{}$

　　↑ とちゅうで約分する。

答え _____

② この板 $\frac{8}{5}$ m²の重さは何kgですか。

（式）

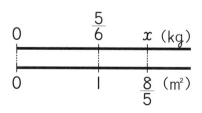

答え _____

3 1mの重さが$\frac{2}{9}$kgの針金があります。この針金$\frac{3}{5}$mの重さは何kgですか。

式8点，答え8点【16点】

（式）

答え _____

4 1Lの重さが$\frac{9}{10}$kgの油があります。この油$\frac{5}{6}$Lの重さは何kgですか。

式8点，答え8点【16点】

（式）

答え _____

5 米1Lの重さをはかったら，$\frac{8}{9}$kgありました。この米$\frac{6}{5}$Lの重さは何kgですか。

式8点，答え8点【16点】

（式）

答え _____

6 縦が$\frac{5}{6}$m，横が$\frac{5}{8}$m，高さが$\frac{3}{4}$mの直方体の体積は何m³ですか。

式8点，答え8点【16点】

（式）

答え _____

 分数のかけ算の文章題をがんばろう！

答え ▶ 70ページ

分数のかけ算②

1　1Lの中に4gの食塩がふくまれている食塩水があります。この食塩水 $\frac{5}{8}$ L の中には，何gの食塩がふくまれていますか。

式6点，答え6点【12点】

（式）

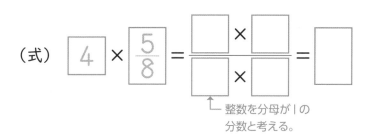

↑ 整数を分母が1の
分数と考える。

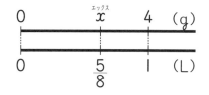

答え _____

2　1mの重さが $\frac{7}{9}$ kgの鉄のパイプがあります。

式6点，答え6点【24点】

①　この鉄のパイプ $\frac{3}{5}$ mの重さは何kgですか。
（式）

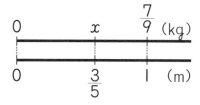

答え _____

②　この鉄のパイプ $1\frac{2}{3}$ mの重さは何kgですか。
（式）

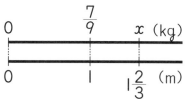

帯分数は仮分数に
なおしてから計算しよう！

答え _____

3 1mの値段が300円のリボンがあります。このリボン$\frac{5}{6}$mの代金は何円ですか。

式8点, 答え8点【16点】

（式）

答え _____

4 底辺の長さが12cm，高さが$2\frac{1}{3}$cmの平行四辺形があります。この平行四辺形の面積は何cm²ですか。

式8点, 答え8点【16点】

（式）

答え _____

5 1m²の重さが，$1\frac{2}{5}$kgの鉄の板があります。この鉄の板$4\frac{4}{9}$m²の重さは何kgですか。

式8点, 答え8点【16点】

（式）

答え _____

6 $5\frac{5}{8}$m²の花だんがあります。1m²に$1\frac{7}{9}$dLずつ肥料をまくと，肥料は何dLいりますか。

式8点, 答え8点【16点】

（式）

答え _____

帯分数や整数と，分数のかけ算もできたね！

答え ▶ 70ページ

分数のかけ算・わり算

分数のかけ算③

1 時速3kmで$\frac{4}{5}$時間歩いたときの道のりは何kmですか。　式6点，答え6点【12点】

（式）

時速 $\boxed{3}$ × $\frac{\boxed{4}}{\boxed{5}}$ = $\frac{\boxed{}}{\boxed{}}$

時間　道のり

答え＿＿＿＿＿＿＿＿＿＿

2 あみさんは，時速8kmで走ります。　式6点，答え6点【24点】

①　10分走ったときの道のりは何kmですか。

（式）$\boxed{10}$ ÷ $\boxed{60}$ = $\frac{\boxed{}}{\boxed{}}$　　$\boxed{}$ × $\frac{\boxed{}}{\boxed{}}$ = $\frac{\boxed{}}{\boxed{}}$

時速　　時間　道のり

分を時間になおす。

答え＿＿＿＿＿＿＿＿＿＿

②　1時間45分走ったとき，走った道のりは何kmですか。

（式）

答え＿＿＿＿＿＿＿＿＿＿

3 時速45kmで走る車は，$\frac{1}{6}$時間で何km進みますか。　　式8点，答え8点【16点】

（式）

答え _____

4 時速80kmで走る車が1時間15分で走る道のりは何kmですか。

式8点，答え8点【16点】

（式）

答え _____

5 りくさんは自転車に乗って時速18kmで走ります。自転車に乗って駅から家に帰るのに$1\frac{1}{4}$時間かかりました。駅から家までの道のりは何kmですか。

式8点，答え8点【16点】

（式）

答え _____

6 水そうに水道管を使って水を入れます。水道管からは1時間あたり，$\frac{2}{5}$m³の水が出ます。$\frac{1}{6}$時間では何m³の水を入れることができますか。　　式8点，答え8点【16点】

（式）

答え _____

分数を使った速さの問題がわかったね！

答え ▶ 71ページ

8 分数のわり算①

月　　日　10分

得点

点

1 $\frac{2}{3}$L の重さが，$\frac{3}{5}$kg の油があります。この油 1L の重さは何kgですか。　式6点，答え6点【12点】

油の重さ　油の量

（式）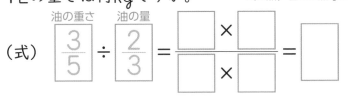

【分数のわり算のしかた】
わる数の逆数をかける。　$\dfrac{b}{a} \div \dfrac{d}{c} = \dfrac{b}{a} \times \dfrac{c}{d}$

答え＿＿＿＿＿＿＿＿

2 $\frac{3}{7}$m の重さが $\frac{2}{5}$kg のパイプがあります。このパイプ1mの重さは何kgですか。　式6点，答え6点【12点】

（式）$\boxed{\dfrac{2}{5}} \div \boxed{\dfrac{3}{7}} = \dfrac{\square \times \square}{\square \times \square} = \boxed{}$

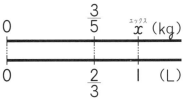

答え＿＿＿＿＿＿＿＿

3 $\frac{3}{4}$dL で，かべを $\frac{5}{6}$㎡ ぬれるペンキがあります。このペンキ1dLでは，かべを何㎡ぬれますか。　式6点，答え6点【12点】

（式）

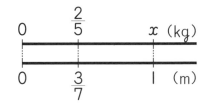

答え＿＿＿＿＿＿＿＿

4 $\frac{4}{3}$mの重さが$\frac{4}{5}$kgの木の棒があります。この木の棒1mの重さは何kgですか。

式8点，答え8点【16点】

（式）

答え _____

5 $\frac{3}{8}$m²の重さが$\frac{9}{10}$kgの板があります。この板1m²の重さは何kgですか。

式8点，答え8点【16点】

（式）

答え _____

6 $\frac{3}{4}$dLのペンキを使って，$\frac{5}{8}$m²の広さのかべをぬりました。このペンキ1dLでは，かべを何m²ぬれますか。

式8点，答え8点【16点】

（式）

答え _____

7 $\frac{4}{5}$mの重さが$\frac{3}{10}$kgの針金があります。この針金1mの重さは何kgですか。

式8点，答え8点【16点】

（式）

答え _____

わる数とわられる数をまちがえないようにしよう！

答え ▶ 71ページ

分数のかけ算・わり算
分数のわり算②

1 ぶた肉を $\frac{4}{5}$ kg買ったら，1200円でした。このぶた肉1kgの値段は何円ですか。

式6点，答え6点【12点】

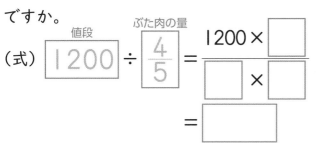

（式）　値段　1200 ÷ ぶた肉の量 $\frac{4}{5}$ = $\dfrac{1200 \times \boxed{}}{\boxed{} \times \boxed{}}$

= $\boxed{}$

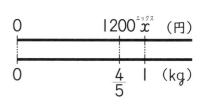

答え _____

2 $1\frac{7}{8}$ mの重さが $\frac{5}{9}$ kgの針金があります。この針金1mの重さは何kgですか。

式6点，答え6点【12点】

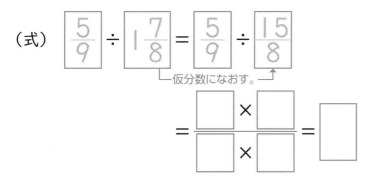

（式）　$\frac{5}{9}$ ÷ $1\frac{7}{8}$ = $\frac{5}{9}$ ÷ $\frac{15}{8}$

└─ 仮分数になおす。

= $\dfrac{\boxed{} \times \boxed{}}{\boxed{} \times \boxed{}}$ = $\boxed{}$

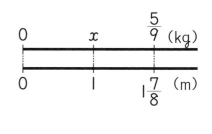

答え _____

3 面積が $2\frac{1}{3}$ m²の長方形の横の長さは，$1\frac{3}{4}$ mです。縦の長さは何mですか。

式6点，答え6点【12点】

（式）

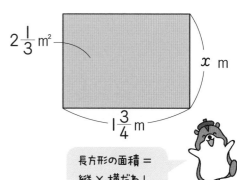

$2\frac{1}{3}$ m²

x m

$1\frac{3}{4}$ m

長方形の面積＝縦×横だね！

答え _____

4 12kgの米を，1人に$\frac{2}{5}$kgずつ分けると，何人に分けられますか。

（式）

式8点，答え8点【16点】

答え _____

5 面積が$5\frac{5}{8}$m²の平行四辺形の，底辺の長さは$2\frac{4}{7}$mです。この平行四辺形の高さは何mですか。

式8点，答え8点【16点】

（式）

答え _____

6 米$1\frac{1}{4}$Lの重さをはかったら，$1\frac{1}{9}$kgありました。この米1Lの重さは何kgですか。

式8点，答え8点【16点】

（式）

答え _____

7 $1\frac{2}{3}$Lの重さが$1\frac{1}{2}$kgの油があります。この油1Lの重さは何kgですか。

（式）

式8点，答え8点【16点】

答え _____

コツコツがんばっているね！力がついてきているよ！

答え ▶ 71ページ

分数のわり算③

1 30kmの道のりをバイクで$\frac{3}{4}$時間かかって進みました。時速何kmで走ったことになりますか。

式6点, 答え6点【12点】

（式）

道のり　時間　　時速

$30 \div \dfrac{3}{4} = \boxed{}$

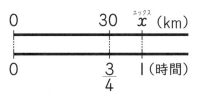

答え _____

速さ＝道のり÷時間
だよ！

2 ともやさんは，分速$\frac{1}{6}$kmで走ります。3kmの道のりを進むのに何分かかりますか。

式6点, 答え6点【12点】

（式）

道のり　　分速　　　分

$\boxed{} \div \dfrac{\boxed{}}{\boxed{}} = \boxed{}$

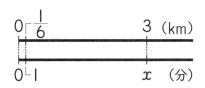

答え _____

3 トラクターで，40aの畑を耕すのに$\frac{1}{4}$時間かかりました。1時間で何aの畑を耕したことになりますか。

式6点, 答え6点【12点】

（式）

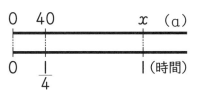

答え _____

4 66kmの道のりを，自転車で1時間50分かけて走りました。このとき自転車の速さは時速何kmですか。かかった時間を分数に表して解きましょう。

式8点，答え8点【16点】

（式）

答え _____

5 分速$\frac{4}{5}$kmの速さで飛ぶ鳥が，$2\frac{2}{5}$km進むのにかかる時間は何分ですか。

式8点，答え8点【16点】

（式）

答え _____

6 るみさんは23kmのマラソンコースを3時間50分で走りました。1時間あたり何km走ったことになりますか。

式8点，答え8点【16点】

（式）

答え _____

7 1日に4秒ずつおくれる時計があります。この時計は何日で5分おくれますか。秒を分の単位で表して求めましょう。

式8点，答え8点【16点】

（式）

答え _____

分数と速さの問題はばっちりだね！

答え ▶ 72ページ

1 白，青，黒の3本のリボンがあります。

白いリボンの長さは$\frac{3}{4}$m，青いリボンの

長さは$\frac{3}{10}$m，黒いリボンの長さは$\frac{6}{5}$mです。

式5点，答え5点【20点】

① 白いリボンの長さをもとにすると，
青いリボンの長さは，何倍にあたりますか。

青いリボン　白いリボン
の長さ　　　の長さ　　　倍

（式）$\frac{3}{10} \div \frac{3}{4} =$ ☐

答え _____

② 白いリボンの長さをもとにすると，
黒いリボンの長さは何倍にあたりますか。
（式）

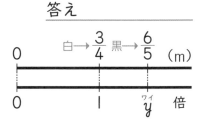

答え _____

2 $\frac{2}{3}$kgを1とみると，$\frac{8}{9}$kgは何倍にあたりますか。

式5点，答え5点【10点】

（式）

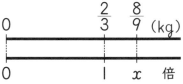

答え _____

25

3 トマトジュースが $\dfrac{3}{4}$ L，オレンジジュースが $\dfrac{9}{8}$ L，メロンジュースが $\dfrac{9}{10}$ L

あります。

式7点，答え7点【28点】

① トマトジュースのかさは，メロンジュースのかさの何倍ですか。

（式）

答え _____

② オレンジジュースのかさは，メロンジュースのかさの何倍ですか。

（式）

答え _____

4 縦が $\dfrac{4}{7}$ m，横が $\dfrac{2}{3}$ mの長方形の紙があります。

式7点，答え7点【28点】

① 縦の長さは横の長さの何倍ですか。

（式）

答え _____

② 横の長さは縦の長さの何倍ですか。

（式）

答え _____

5 $\dfrac{4}{5}$ Lを1とみると，2Lは何倍にあたりますか。

式7点，答え7点【14点】

（式）

答え _____

分数倍の問題をがんばろう！

答え ▶ 72ページ

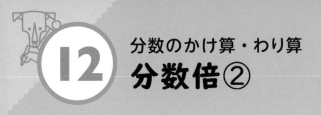

月　　日

得点

点

1 ななみさんの家から公園までの道のりは，600mあります。家から学校までの道のりは，家から公園までの道のりの$\frac{5}{4}$倍あります。また，家から駅までの道のりは，家から公園までの道のりの$\frac{3}{5}$倍あります。 式6点，答え6点【24点】

① 家から学校までの道のりは何mですか。

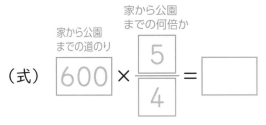

(式)

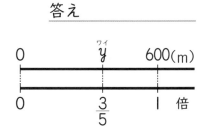

答え _____

② 家から駅までの道のりは何mですか。
(式)

答え _____

2 24㎡の$\frac{3}{8}$倍は何㎡ですか。
(式)

式6点，答え6点【12点】

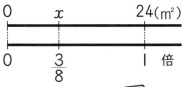

24㎡を1として
考えよう！

答え _____

3 チョコレート，ガム，キャンディがあります。チョコレートの値段は200円，ガムの値段はチョコレートの値段の$\frac{3}{5}$倍，キャンディの値段はチョコレートの値段の$\frac{5}{8}$倍です。

式8点，答え8点【32点】

① ガムの値段はいくらですか。

（式）

答え _____

② キャンディの値段はいくらですか。

（式）

答え _____

4 みかんがりに行きました。はるかさんは，$\frac{9}{10}$kgとりました。たけるさんは，はるかさんの$\frac{4}{3}$倍とりました。ゆいなさんは，はるかさんの$\frac{14}{15}$倍とりました。

式8点，答え8点【32点】

① たけるさんは，何kgとりましたか。

（式）

答え _____

② ゆいなさんは，何kgとりましたか。

（式）

答え _____

計算ミスに気をつけよう！

答え ▶ 73ページ

13 分数のかけ算・わり算
分数倍③

月　　日

得点

点

1 けんとさんは，800円の本を買いました。この本の値段は，まんがの値段の$\frac{5}{2}$倍です。まんがの値段は何円ですか。

まんがの値段をx円として，かけ算の式に表してから，まんがの値段を求めましょう。

式6点，答え6点【12点】

（式）　$x \times \boxed{\dfrac{5}{2}} = \boxed{800}$

$x = \boxed{800} \div \boxed{\dfrac{5}{2}}$

$= \boxed{}$

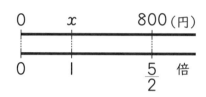

答え _____

2 びんにジュースが500mL入っています。これは，びん全体のかさの$\frac{2}{3}$にあたります。びん全体のかさは何mLですか。

式6点，答え6点【12点】

（式）

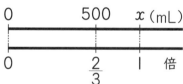

答え _____

びん全体のかさをxmLとしよう！

3 6年1組の男子の人数は，18人です。これはクラス全体の人数の$\frac{9}{16}$倍です。クラス全体の人数は何人ですか。

式6点，答え6点【12点】

（式）

答え _____

29

4 ジュースと牛乳があります。ジュースの量は$\frac{7}{8}$Lで，これは牛乳の量の$\frac{3}{2}$にあたります。牛乳は何Lありますか。

式8点，答え8点【16点】

（式）

答え _____

5 庭の広さの$\frac{3}{5}$が花だんの広さで，花だんの広さは12㎡です。庭の広さは何㎡ですか。

式8点，答え8点【16点】

（式）

答え _____

6 グレープフルーツの重さは500gです。これは，りんごの重さの$\frac{10}{7}$倍です。りんごの重さは何gですか。

式8点，答え8点【16点】

（式）

答え _____

7 水そうの$\frac{8}{9}$まで水を入れたとき，水は4L入ります。この水そうに入る水のかさは何Lですか。

式8点，答え8点【16点】

（式）

答え _____

分数倍の問題があわかったね！

答え ▶ 73ページ

1 縦と横の長さの比が，2：3になる長方形をかきます。縦の長さを8cmにすると，横の長さは何cmになりますか。　　　　　式6点，答え6点【24点】

① 比の一方の量を1とみて求めましょう。

（式）　縦と横の長さの比が □ ： □ だから，横の長さは，縦の長さの

縦の長さを→1とみる。

$\dfrac{3}{2}$ となる。　$8 \times \dfrac{\Box}{\Box} = \Box$

答え _____

② 等しい比の性質を使って求めましょう。

（式）　横の長さを x cm とすると，　←求めたいものをxとする。

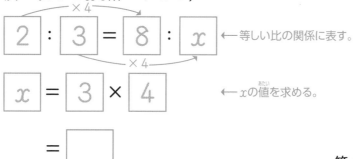

←等しい比の関係に表す。

$x = 3 \times 4$　←xの値を求める。

$= \Box$

答え _____

2 小麦粉と砂糖の重さの比を5：2にしてケーキをつくります。小麦粉を250gにすると，砂糖は何gいりますか。　　　　　式6点，答え6点【12点】

（式）　砂糖の重さを x g とすると，

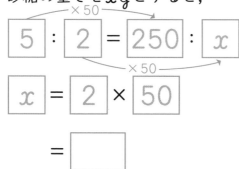

$x = 2 \times 50$

$= \Box$

答え _____

3 縦と横の長さの比が5：6になるようにカードをつくります。縦の長さを 40mmにすると，横の長さは何mmになりますか。　　　式8点，答え8点【16点】

（式）

答え _____

4 赤いリボンと青いリボンの長さの比は5：4で，青いリボンの長さは 64cmです。赤いリボンの長さは，何cmですか。　　　式8点，答え8点【16点】

（式）

答え _____

5 あるバスケットボールクラブの男子と女子の人数の比は10：9で，男子 の人数は30人です。女子の人数は何人ですか。　　　式8点，答え8点【16点】

（式）

答え _____

6 図書室にある文学の本の数と，科学の本の数の比は8：3で，文学の本は 280冊あります。科学の本は何冊ありますか。　　　式8点，答え8点【16点】

（式）

答え _____

いつもがんばっているね！

答え ▶ 74ページ

1 ミルクコーヒーを250mLつくります。ミルクとコーヒーを2：3の割合で混ぜるとき，コーヒーは何mLいりますか。

式6点，答え6点【24点】

ミルク2　コーヒー3
ミルクコーヒー5

① 比の全体の量を1とみて求めましょう。

（式）コーヒーの量は，ミルクコーヒー全体の量の

$\dfrac{3}{5}$ となる。

全体は2＋3で5だね！

$250 \times \dfrac{3}{5} = \boxed{}$

答え _____

② 等しい比の性質を使って求めましょう。

（式）コーヒーの量を x mL とすると，

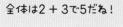

$$\boxed{3} : \boxed{5} = \boxed{x} : \boxed{250}$$

×50

$$x = \boxed{3} \times \boxed{50} = \boxed{}$$

答え _____

2 さきさんのクラスは全部で56人います。男子と女子の人数の比は3：4です。男子は何人いますか。

式6点，答え6点【12点】

（式）男子の人数は全部の人数を1とみると，$\dfrac{\boxed{}}{\boxed{}}$ にあたる。

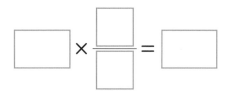

$\boxed{} \times \dfrac{\boxed{}}{\boxed{}} = \boxed{}$

答え _____

3 すとサラダ油の比が2：5のドレッシングを，105mLつくろうと思います。すは何mL必要ですか。

式8点，答え8点【16点】

（式）

答え _____

4 32本のえん筆を，れんさんとゆうまさんで，本数の比が5：3になるように分けます。れんさんのえん筆の本数は何本になりますか。 式8点，答え8点【16点】

（式）

答え _____

5 あいりさんと弟は，お金を出しあって，1000円の本を買うことにしました。あいりさんと弟の出す金額の比を3：2にすると，それぞれ何円ずつ出せばよいですか。

式8点，答え8点【16点】

（式）

答え _____

6 長さ72cmのリボンを，さくらこさんとゆりさんで，長さの比が4：5になるように分けます。それぞれ何cmになりますか。 式8点，答え8点【16点】

（式）

答え _____

よくがんばったね。次はパズルだよ！

答え ▶ 74ページ

［どれを買えばいいのかな？］

❶ まおさんは，ハンバーグをつくるためスーパーに買い物に来ました。
　スーパーの野菜売り場では200gあたりの値段が70円と200gあたりの値段が80円の2種類のたまねぎが売られています。

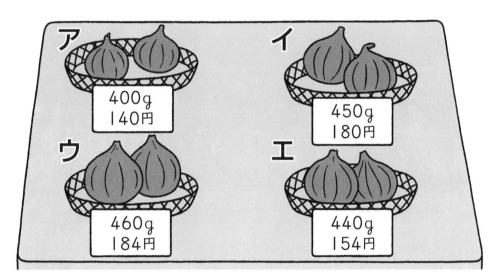

ア　400g　140円

イ　450g　180円

ウ　460g　184円

エ　440g　154円

お母さん

200gが70円のたまねぎを，合わせて800g以上になるように買ってきてね。

まおさんは，ア〜エのどれとどれを買えばよいですか。

★ヒント★
まず，200gが70円のたまねぎはどれか見つけよう。

答え　　　と

2 スーパーの肉売り場では，牛肉とぶた肉をいろいろな割合（わりあい）で混ぜたひき肉が売られています。

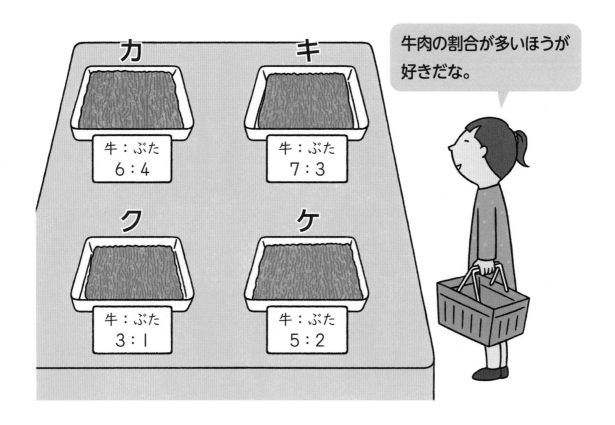

カ〜ケの中で，全体の分量に対する牛肉の割合がいちばん多いものはどれですか。

答え

答え ▶ 75ページ

比例の式とグラフ

1 右のグラフは，直方体の形をした水そうに水を入れるときの，水を入れる時間x分と水そうの水の深さ$y$cmの関係を表したものです。

1つ6点（③は式6点，答え6点）【30点】

① グラフを見て，次のxの値に対応するyの値を求めましょう。

xの値が5のとき，yの値は $\boxed{10}$

xの値が8のとき，yの値は $\boxed{16}$

② xとyの関係を，式に表しましょう。

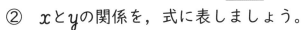

y (cm)

時間と水の深さ

（分）

比例するxとyの関係を式に表すと，

y＝決まった数×x

③ xの値が1.5のときのyの値を，②の式から求めましょう。

（式）

答え _____

2 次の問題に答えましょう。

1つ6点（②は完答）【24点】

① 次のア～ウのxとyの関係を，yの値を求める式に表しましょう。

ア １日の昼の長さx時間と夜の長さy時間

_____

イ 正方形の１辺の長さ$x$cmとまわりの長さ$y$cm

_____

ウ １本1.5gのくぎの本数x本とその重さyg

_____

② ①のア～ウで，yがxに比例しているものをすべて選び，記号で答えましょう。

答え _____

3 分速50mで歩いたときの歩く時間x分と進む道のりymの関係を調べます。

①10点，②③1つ6点【22点】

① 下の表のあいているところにあてはまる数を書き入れましょう。

時間と道のり

時間 x（分）	1	2	3	4	5	
道のり y（m）						

② 歩く時間x分と進む道のりymの関係を，右のグラフに表しましょう。

③ yの値を求める式を書きましょう。

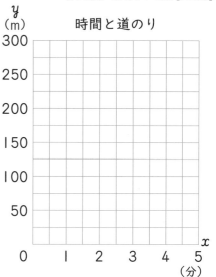

時間と道のり

4 下の表は，針金の長さxmと重さygを表したものです。

①②1つ5点（①は完答），③式7点，答え7点【24点】

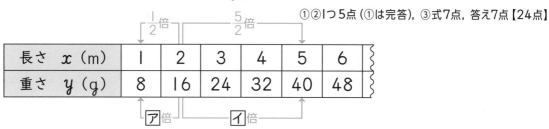

長さ x（m）	1	2	3	4	5	6
重さ y（g）	8	16	24	32	40	48

① ⑦，⑦にあてはまる数を書きましょう。

答え ⑦ 　　　　　 ，⑦ 　　　　　

② 針金の長さと重さにはどのような関係がありますか。ことばで答えましょう。

③ 長さが18mの針金の重さは何gですか。xとyの関係を式に表してから，求めましょう。

（式）

答え 　　　　　　　

半分までできたよ。残りもがんばろう！

答え ▶ 75ページ

18 比例・反比例
比例の利用①

月　　日

得点

点

1 下の表は，底辺の長さが6cmの三角形の，高さ$x$cmと面積$y$cm²の関係を表したものです。　　　　　①1つ4点，②③1つ7点【30点】

×2

高さ　x（cm）	1	2	3	4	5	6
面積　y（cm²）	3	6	㋐	㋑	㋒	㋓

×2

① 表の㋐～㋓にあてはまる数を求めましょう。

答え　㋐　　　　　，㋑　　　　　，㋒　　　　　，㋓

② xとyの関係を，式に表しましょう。

③ 高さが4.5cmのとき，面積は何cm²ですか。

答え

2 下のグラフは，ふみやさんとまみさんが同じサイクリングコースを同時に出発したときの，走った時間x分と道のりymを表したものです。1つ6点【24点】

① ふみやさんが4分間に走った道のりは何mですか。

答え

② まみさんが1600m走るのにかかった時間は何分ですか。

答え

③ 出発してから4分後に，2人の間は何mはなれていますか。

答え

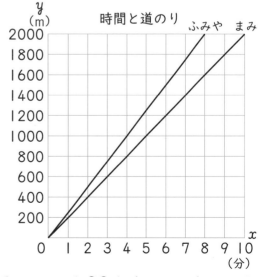

④ 2人がこのまま走り続けると，出発してから20分後には，何mはなれることになりますか。

答え

3 下の表は，正五角形の1辺の長さ x cmとまわりの長さ y cmの関係を表したものです。

①1つ3点，②③1つ7点【23点】

1辺の長さ x（cm）	1	2	3	4	5
まわりの長さ y（cm）	5	10	㋐	㋑	㋒

① 表の㋐～㋒にあてはまる数を求めましょう。

答え　㋐　　　　　　，㋑　　　　　　，㋒

② x と y の関係を，式に表しましょう。

_____

③ 1辺の長さが5.2cmのとき，まわりの長さは何cmですか。

答え　_____

4 下の表は，分速40mで歩いたときの，歩いた時間 x 分と歩いた道のり y mを表したものです。

①1つ3点，②③1つ7点【23点】

時間　　　 x（分）	1	2	3	4	5	6
道のり　　 y（m）	40	80	120	㋐	㋑	㋒

① 表の㋐～㋒にあてはまる数を求めましょう。

答え　㋐　　　　　　，㋑　　　　　　，㋒

② x と y の関係を，式に表しましょう。

_____

③ 歩いた時間が12分30秒のとき，歩いた道のりは何mですか。

答え　_____

よくがんばったね！おつかれさま！

答え ▶ 76ページ

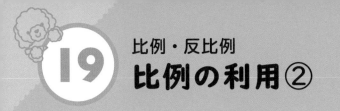

1 50cm²の重さが8gの画用紙があります。この画用紙250cm²の重さは何gか求めます。

式7点，答え7点【28点】

① 重さは面積に比例すると考えて，比例の性質を使って求めましょう。

（式）$\boxed{250} ÷ \boxed{50} = \boxed{}$

$\boxed{8} × \boxed{} = \boxed{}$

		5倍
面積x（cm²）	50	250
重さy（g）	8	□

5倍

答え _____

② 重さは面積に比例すると考えて，1cm²あたりの重さを使って求めましょう。

（式）$\boxed{8} ÷ \boxed{50} = \dfrac{\boxed{}}{\boxed{}}$

$\dfrac{\boxed{}}{\boxed{}} × \boxed{250} = \boxed{}$

答え _____

2 同じ種類のくぎ10本の重さをはかったら，24gありました。くぎの重さは本数に比例します。

式7点，答え7点【28点】

① このくぎ200本の重さは何gですか。

（式）

本数x（本）	10	200
重さy（g）	24	□

答え _____

② このくぎが何本かあります。全体の重さをはかったら，1800gありました。くぎは何本ありますか。

（式）

本数x（本）	10	□
重さy（g）	24	1800

答え _____

3 色画用紙10枚の重さをはかったら，90gでした。色画用紙の重さは枚数に比例します。

式7点，答え7点【28点】

①　この色画用紙50枚の重さは何gですか。
　（式）

答え ＿＿＿＿＿＿＿＿＿＿

②　この色画用紙360gの枚数は何枚ですか。
　（式）

答え ＿＿＿＿＿＿＿＿＿＿

4　図1の厚紙の重さをはかったら，15gありました。これと同じ厚紙で，図2のような形をつくり，その重さをはかったら，36gでした。厚紙の重さは面積に比例すると考えて，図2の厚紙の面積を求めましょう。
式8点，答え8点【16点】
　（式）

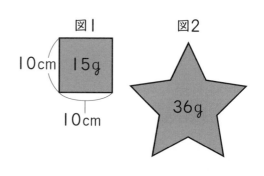

図1　　　　　図2

10cm　15g

10cm

36g

答え ＿＿＿＿＿＿＿＿＿＿

比例の利用の問題ができたね！

答え ▶ 76ページ

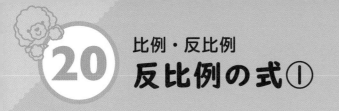
反比例の式①

1　下の表は，面積が12cm²の長方形の縦の長さ$x$cmと横の長さ$y$cmを表したものです。

①6点，②1つ6点【24点】

縦の長さ x(cm)	1	2	3	④	6	8
横の長さ y(cm)	12	⑦	4	3	2	⑨

①　縦の長さ$x$cmと横の長さ$y$cmの間にはどのような関係がありますか。xとyの関係を式に表しましょう。

反比例するxとyの関係を式に表すと，

$y =$ 決まった数 $\div x$

②　⑦〜⑨にあてはまる数を書きましょう。

答え　⑦　　　　　，④　　　　　，⑨

2　下の表は，容積が500Lの水そうに，いっぱいになるまで水を入れたときにかかる時間x分と1分間に入れる水の量yLを表したものです。

①②1つ5点，③式3点，答え3点【26点】

x （分）	1	2	4	④	10	20
y （L）	500	250	⑦	100	⑨	

xが増えるとyはどうなるかな？

①　xとyの関係を，式に表しましょう。

②　⑦〜⑨にあてはまる数を書きましょう。

答え　⑦　　　　　，④　　　　　，⑨

③　20分で水そうの水をいっぱいにするには，1分間に何Lの水を入れればいいですか。

（式）

答え

43

3 下の表は，面積が一定の長方形の縦の長さを x cm，横の長さを y cmとしたときの x と y の関係を表したものです。

縦の長さ x（cm）	1	2	4	8
横の長さ y（cm）	8	4	2	1

① 表のような x と y はどのような関係にあるといえますか。ことばで答えましょう。

② x と y の関係を，式に表しましょう。

4 下の表は，ある水そうに水を入れるとき，1時間に入れる水の量 x m³と，満水になるまでの時間 y 時間を表したものです。

水の量 x（m³）	1	2	3	4	5
時間 y（時間）	24	12	㋐	6	㋑

① この水そうは満水になると何m³の水が入りますか。
（式）

答え _____

② 1時間に入れる水の量 x m³と満水になるまでの時間 y 時間の関係を，x と y を使った式で表しましょう。

③ ㋐，㋑にあてはまる数を書きましょう。

答え ㋐ _____ ， ㋑ _____

よくがんばりました！

答え ▶ 76ページ

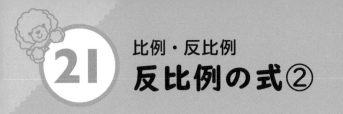

反比例の式②

1 下の表は，A地点からB地点までを，自転車でいろいろな速さで走るときの，分速xmとかかる時間y分を表したものです。

①③式5点，答え5点，②5点【25点】

分速　　　x(m)	100	150	200	250	300
かかる時間 y(分)	30	20	15	12	10

① A地点からB地点までの道のりは何mですか。

（式）

分速		時間		道のり
100	×	30	=	

答え _____

② xとyの関係を，式に表しましょう。

_____

③ 分速600mのとき，かかる時間は何分ですか。

（式）

答え _____

2 ある仕事をするのに，1人では30日かかる仕事があります。この仕事をx人ですると，y日かかります。

①7点，②式7点，答え7点【21点】

① xとyの関係を，式に表しましょう。

_____

② この仕事を5人でするとき，何日かかりますか。

（式）

答え _____

3 右の表の ア には，次の①と②のとき，どのような数があてはまりますか。

x	4	12
y	6	ア

1つ12点【24点】

① yがxに比例するとき

答え _____

② yがxに反比例するとき

答え _____

4 ある機械を10台使うと，8日間かかる仕事があります。この機械をx台使うと，y日かかります。

①6点，②③式6点，答え6点【30点】

① xとyの関係を，式に表しましょう。

_____

② この仕事をするのに，同じ機械1台だけでは何日かかりますか。
（式）

答え _____

③ この仕事を5日間で終わらせるには，機械は何台いりますか。
（式）

答え _____

比例と反比例がわかったね。

答え ▶ 77ページ

22 場合の数
並べ方①

1 あきさん（あ），かいさん（か），さつきさん（さ），たつやさん（た）の 4人が，縦一列に並びます。

1つ15点（①は完答）【30点】

① あきさん（あ）を先頭にした場合の並び方の図を完成させましょう。

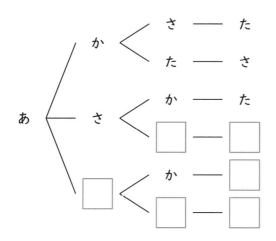

起こりうるすべての場合を
示した左のような図を
樹形図という。

② 全部で何通りの並び方がありますか。
落ちや重なりがないように数える。

答え _____

2 右の図の④，⑧，ⓒの3つの部分を，赤，青，黄の3色の色えん筆すべて を使ってぬり分けます。

1つ10点【20点】

① ④に赤をぬった場合の色のぬり方は全部で何通りありますか。

答え _____

② 色のぬり方は全部で何通りありますか。

答え _____

3 ゆうきさんは，「トム・ソーヤの冒険（A）」，「宝島（B）」，「十五少年漂流記（C）」の3冊の本を読むことにしました。順番に1冊ずつ読むとすると，読む順序は，全部で何通りありますか。それぞれA，B，Cの記号におきかえて考えましょう。

【20点】

答え _____

4 ①，②，③，④の4枚のカードを使って，4けたの整数をつくります。

1つ15点【30点】

①　できる整数は，全部で何通りありますか。

答え _____

②　百の位の数が3である整数は，全部で何通りできますか。

答え _____

樹形図をうまくかけたかな？

答え ▶ 77ページ

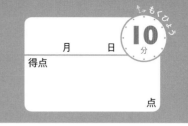

月　　日

得点

点

1 ⓪, ①, ②, ③の4枚のカードのうちの3枚を使って，3けたの整数をつくります。

1つ12点（①は完答）【24点】

① ①を百の位の数にした場合の並べ方の図を完成させましょう。

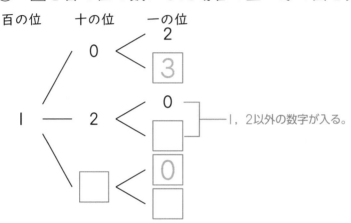

百の位　　十の位　　一の位

□には使っていないカードの数が入るよ！

１，２以外の数字が入る。

② 3けたの整数は，全部で何通りできますか。 ← 0が百の位にくることはない。

答え _____

2 コインを続けて3回投げます。

1つ12点（①は完答）【24点】

① 表と裏の出方にはどんな場合がありますか。表を〇，裏を×として，1回目が表の場合の出方の図を完成させましょう。

1回目　　2回目　　3回目

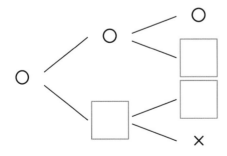

② 全部で何通りの出方がありますか。

答え _____

3 ①, ②, ③, ④の4枚のカードのうちの2枚を使って, 2けたの整数をつくります。

1つ12点【24点】

① ①を十の位に置いた場合の図を, **1**①にならって, かきましょう。

（図）

② 2けたの整数は, 全部で何通りできますか。

答え _____

4 表に1, 裏に0と書いてある, 大, 中, 小の3枚のコインがあり, このコインを同時に投げます。

1つ14点【28点】

① 出た数の合計が3になるのは, 全部で何通りありますか。

答え _____

② 出た数の合計が2になるのは, 全部で何通りありますか。

答え _____

並べ方の問題がわかったね。

答え ▶ 77ページ

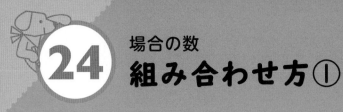

場合の数

組み合わせ方①

1 A，B，C，Dの4人がテニスの試合をします。試合の組み合わせが全部で何通りあるか，次の3つの方法で調べましょう。　　　　1つ10点【30点】

① 対戦相手を図にかいて調べます。

下の図で重なっている対戦に×をかきましょう。

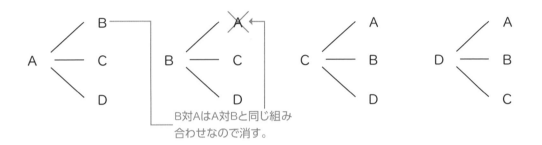

B対AはA対Bと同じ組み
合わせなので消す。

② 対戦相手を表にかいて調べます。

下の表に〇をかいて表を完成させましょう。

	A	B	C	D
A				
B				
C				
D				

〇をかくのは
全部で6個だよ。

③ 右のような図をかいて調べます。

頂点と頂点を結ぶ線が試合の組み合わせです。

AとBの対戦を表す線に〇をつけましょう。

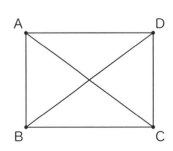

2 A，B，C，D，E，Fの6つのチームがサッカーの試合をします。試合の組み合わせは全部で何通りありますか。 【20点】

答え ＿＿＿＿＿＿＿＿＿＿

3 キャンプでA，B，C，D，Eの5人が同じ班になり，仕事の役割を決めることにしました。 1つ10点【20点】

① 班長1人と副班長1人の選び方は，全部で何通りありますか。

答え ＿＿＿＿＿＿＿＿＿＿

② 調理係2人の選び方は，全部で何通りありますか。

答え ＿＿＿＿＿＿＿＿＿＿

4 あるレストランでは，デザートにアイスクリームの味が自由に選べます。アイスクリームは，バニラ，レモン，メロン，パイン，オレンジの味の5種類あります。 1つ10点【30点】

① 1種類だけしか選べないとすると，全部で何通りの選び方がありますか。

答え ＿＿＿＿＿＿＿＿＿＿

② 2種類選ぶとすると，全部で何通りの選び方がありますか。

答え ＿＿＿＿＿＿＿＿＿＿

③ 2種類まで選んでよいものとすると，全部で何通りの選び方がありますか。

答え ＿＿＿＿＿＿＿＿＿＿

組み合わせ方の問題がわかってきたね。

答え ▶ 78ページ

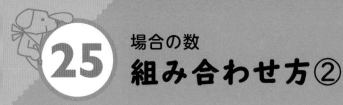

組み合わせ方②

1 A，B，C，Dの4チームでサッカーの試合をします。引き分けはないものとして，次の問題に答えましょう。

1つ10点【20点】

① それぞれのチームがすべてのチームと1回ずつ試合をするリーグ戦を行うものとすると，全部で何試合行われますか。

A対B，B対Aは
同じ試合を表す。

図や表をかいて
調べよう。

答え _____

② 勝ったチームどうしで試合をしていくトーナメント戦を行うものとすると，全部で何試合行われますか。

右の図では，
AとB，CとDの試合の勝者が——→
優勝をかけて試合をする。

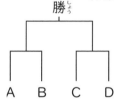

優勝　（例）

A　B　C　D

答え _____

2 あるレストランでは，飲み物が，オレンジジュース，グレープジュース，メロンジュース，コーラ，ウーロン茶の5種類あります。デザートが，チョコレートケーキ，プリン，アイスクリームの3種類あります。飲み物1種類とデザート1種類の組み合わせは，全部で何通りありますか。　【20点】

答え _____

3 チョコレート，クッキー，ガム，キャンディーの4種類のおかしがあります。このおかしの中から3種類を選んでふくろに入れます。

　おかしの組み合わせは全部で何通りありますか。　　　　　　　　【15点】

答え _____

4 1円硬貨，5円硬貨，10円硬貨，50円硬貨がそれぞれ1枚ずつあります。これらの硬貨のうち2枚を組み合わせてできる金額を，額の小さい順にすべて書きましょう。　　　　　　　　　　　　　　　　　　　　　【15点】

答え _____

5 A地点からB地点までの道は4本，B地点からC地点までは2本，C地点からD地点までは3本の道があります。

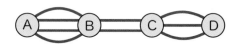

1つ15点【30点】

① A地点からC地点まで行くには，全部で何通りの行き方がありますか。

答え _____

② B地点からD地点まで行くには，全部で何通りの行き方がありますか。

答え _____

いろいろな調べ方が，わかったね。

答え ▶ 78ページ

表をかいて考える問題①

1 1箱5個入りのプリンと2個入りのプリンを合わせて39個買います。
それぞれ何箱ずつ買ったかを求めます。　　　　　　　　1つ10点 (完答)【20点】

① 5個入りのプリンの箱の数を1箱，2箱，…と変えていったとき，2個入りのプリンの箱の数が何箱になるか表にかきましょう。

買い方は何通りかあるね！

5個入りの箱	箱の数	1	2	3	4	5	6	7	8
	プリンの数	5	10	15	20	25			40
残りのプリンの数		34	29	24	19				×
2個入りの箱の数		17	×	12					×

← 39個をこえた。

↑ 2個入りの箱で買えないときは×。

② 5個入りのプリンをできるだけ多く買うとき，それぞれ何箱買えばよいですか。

答え ＿＿＿＿＿＿＿＿＿＿＿＿＿＿＿＿

2 長さ1mの板が9枚あります。この板をLの形に並べて長方形の形をした花だんを作ります。　　　　　　　　　　　　1つ10点 (完答)【20点】

① 縦の板の数を1枚，2枚，3枚，…と変えていったとき，花だんの面積が何m²になるか表にかきましょう。

縦　　(m)	1	2	3	4	…	8
横　　(m)	8	7	6		…	1
面積　(m²)	8	14			…	8

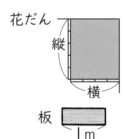

花だん
縦
横
板
1m

② 花だんの面積がもっとも大きくなるのは，縦，横それぞれ何枚並べたときですか。あてはまる場合をすべて書きましょう。

答え ＿＿＿＿＿＿＿＿＿＿＿＿＿＿＿＿

3 90cmのひもを切って，5cmのひもを何本かと，6cmのひもを何本かに分け，余りのないように切ります。どちらの長さのひもも必ず1本以上つくり，5cmのひもの本数をできるだけ少なくするとき，それぞれ何本つくるとよいですか。　【20点】

答え _____

4 長さ1mの板が12枚あります。この板をLの形に並べて長方形の形をした花だんを作るとき，花だんの面積が27m²になるようにするには，縦，横それぞれ何枚並べたらよいですか。あてはまる場合をすべて書きましょう。

【20点】

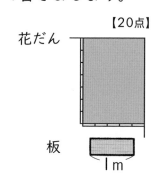

花だん

板

1m

答え _____

5 1かご10個入りのみかんと7個入りのみかんを合わせて108個買います。7個入りのかごの数がもっとも少なくなるのは，10個入りのみかんを何かご買ったときですか。　【20点】

答え _____

いつもがんばっているね！えらい！

答え ▶ 78ページ

表をかいて考える問題②

1　1本100円のペンと1本80円のペンが，合わせて30本売れました。
ペン30本の売上高は2800円でした。それぞれ何本売れたかを求めます。

①1つ5点，②10点【20点】

①　表の⑦，⑦にあてはまる数をかきましょう。

100円のペン(本)	0	1	2	…	
80円のペン(本)	30	29	28	…	
売上高　（円）	2400	⑦	⑦	…	2800

100×1＋80×29

100円のペンが
1本増えると，
売上高はどうなるかな?

答え　⑦　　　　　，⑦

②　100円のペンと80円のペンはそれぞれ何本売れましたか。

答え

2　1本80円のジュースと1本50円のお茶を合わせて40本買いました。
ジュースの代金のほうが，お茶の代金よりも1250円高かったそうです。
ジュースとお茶をそれぞれ何本買ったかを求めます。　1つ10点（①は完答）【20点】

①　80円のジュースの本数が21，22のとき，代金の差はどうなりますか。
表に書きましょう。

80円のジュース(本)	20	21	22	…	
50円のお茶(本)	20	19	18	…	
代金の差(円)	600			…	1250

←代金の差の増え方を考える。

②　ジュースとお茶を，それぞれ何本買いましたか。

答え

57

3 １個１００円のなしと１個１１０円のももを合わせて１６個買うと，代金は１６６０円でした。

1つ10点【20点】

① それぞれ何個買ったか調べます。**1**①の表にならって，表をかきましょう。

（表）

② １００円のなしと１１０円のももをそれぞれ何個買いましたか。

答え _____

4 大きい皿と小さい皿が合わせて２０枚（まい）あります。いちごを，大きい皿に１２個ずつ，小さい皿に７個ずつのせると，いちごの数は全部で２１５個でした。大きい皿と小さい皿はそれぞれ何枚ありますか。

【20点】

答え _____

5 １個１２０円のパンと１個９０円のパンを合わせて３０個買いました。１２０円のパンの代金のほうが，９０円のパンの代金よりも８７０円多かったそうです。１２０円のパンを何個買いましたか。

【20点】

答え _____

表をかいて問題が解けたね！

答え ▶ 79ページ

1 ある道路をほそうするのに，Aの機械では6日かかり，Bの機械では12日かかります。

式9点，答え9点【36点】

① A，Bの機械を同時に使うと，この道路をほそうするのに何日かかりますか。

A，Bの機械を同時に使うと，1日に全体の

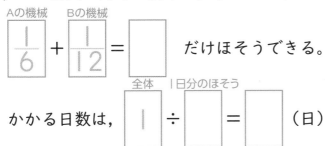

Aの機械　　Bの機械

$\dfrac{1}{6} + \dfrac{1}{12} = \boxed{}$ だけほそうできる。

全体　1日分のほそう

かかる日数は，$\boxed{1} \div \boxed{} = \boxed{}$ （日）

答え _____

② Cの機械だけでこの道路をほそうするのに，4日かかります。A，B，Cの3台を同時に使うと，ほそうするのに何日かかりますか。

A，B，Cの機械を同時に使うと，1日に全体の

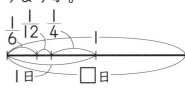

AとBの機械　　Cの機械

$\boxed{} + \boxed{} = \boxed{}$ だけほそうできる。

全体　1日分のほそう

$\boxed{} \div \boxed{} = \boxed{}$ （日）

答え _____

2 まさおさんとなおみさんが庭の草取りをします。まさおさんが1人ですると30分，なおみさんが1人ですると45分かかるといいます。2人でいっしょにすると，何分で草取りが終わりますか。

式10点，答え10点【20点】

（式）

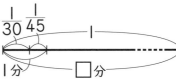

答え _____

3 水そうに水をいっぱいにするのにA管だけでは20分かかり，B管だけでは30分かかります。

A管とB管を同時に使って水を入れると，水そうは何分でいっぱいになりますか。 式6点，答え6点【12点】

（式）

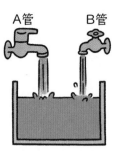

答え _____

4 かべにペンキをぬるのに，そうたさん1人では1時間30分かかり，お父さん1人では1時間かかります。2人ですると，何分でぬり終わりますか。

式8点，答え8点【16点】

（式）

まず，時間を分になおそう！

答え _____

5 ある仕事をするのに，Aだけですると12日かかり，AとBの2人ですると8日かかります。この仕事をBだけですると何日かかりますか。

式8点，答え8点【16点】

（式）

答え _____

あと少しだよ！最後までがんばろう！

答え ▶ 79ページ

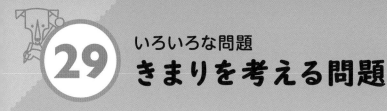

1 下の図のように，正方形の板をしきつめて，図形をつくっていきます。

①1つ5点，②③④1つ10点【40点】

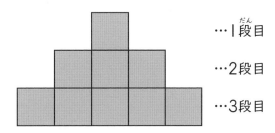

…1段目

…2段目

…3段目

① この図形で使われている板の数を表にします。㋐，㋑に入る数を書きましょう。

段の数x(段目)	1	2	3	4	5	…
板の数y(枚)	1	3	5	㋐	㋑	…

+2　+2　+2

答え　㋐　　　　　，㋑

② 10段目に並ぶ板の数は何枚ですか。

板の数は2枚ずつ
増えているよ！

答え

③ x段目に並ぶ，板の数をy枚としたとき，xとyの関係を式に表しましょう。

④ 20段目に並ぶ板の数は何枚ですか。

答え

2 下の図のように，1辺が1cmである正三角形の板を並べて，図形をつくっていきます。

1つ15点【30点】

図形x（番目）	1	2	3	･･･
まわりの長さy（cm）	3	6	9	･･･

① x番目の図形のまわりの長さを$y$cmとしたとき，xとyの関係を式に表しましょう。

② 6番目の図形のまわりの長さは何cmですか。

答え

3 下の図のように，ご石を並べて，図形をつくっていきます。 1つ15点【30点】

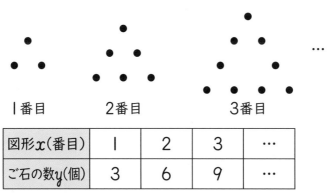

図形x（番目）	1	2	3	･･･
ご石の数y（個）	3	6	9	･･･

① x番目の図形で使われる石の個数を，xを使った式で表しましょう。

② ご石の個数が36個になるのは何番目の図形ですか。

答え

きまりを利用して問題が解けたね！

答え ▶ 79ページ

30 いろいろな問題
場合を考える問題

1 お楽しみ会で，あめとチョコレートを配ります。ほしいものに手をあげてもらったら，あめに手をあげた人は25人，チョコレートに手をあげた人は18人で，そのうち両方に手をあげた人は11人でした。下のように決めて配るとき，あめは何個，チョコレートは何個用意すればよいかを考えます。

①②式10点，答え10点，③10点【50点】

・両方に手をあげた人‥‥‥‥‥‥‥‥‥あめ1個，チョコレート1個
・あめだけに手をあげた人‥‥‥‥‥‥‥あめ2個
・チョコレートだけに手をあげた人‥‥チョコレート2個

① あめだけに手をあげた人は何人でしょうか。

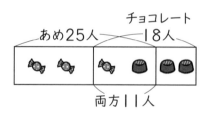

（式）　あめに手を　両方に手を
　　　あげた人　あげた人
　　　$\boxed{25}$ − $\boxed{11}$ = $\boxed{}$

答え ＿＿＿＿＿＿＿＿＿

② チョコレートだけに手をあげた人は何人でしょうか。

（式）　チョコレートに　両方に手を
　　　手をあげた人　あげた人
　　　$\boxed{}$ − $\boxed{}$ = $\boxed{}$

答え ＿＿＿＿＿＿＿＿＿

③ あめとチョコレートはそれぞれ何個用意すればよいでしょうか。

答え ＿＿＿＿＿＿＿＿＿

2 子ども会でサーカスとミュージカルを見に行きます。参加を申しこんだ人は全部で56人で，そのうちサーカスが29人，ミュージカルは41人でした。両方に申しこんだ人からは700円，一方だけに申しこんだ人からは500円を集めます。集めるお金は全部で何円になるかを考えます。　　1つ10点【30点】

① サーカスだけに申しこんだ人は何人でしょうか。

答え _____

② ミュージカルだけに申しこんだ人は何人でしょうか。

答え _____

③ 集めるお金は全部で何円になるでしょうか。

答え _____

3 あるクラスでは，遠足で川に行った人が18人，山に行った人が21人，どちらにも行った人が9人いました。このクラスの子どもの人数は全部で何人でしょうか。

【20点】

子どもの人数は，18＋21ではないよ！

答え _____

よくがんばったね！次はパズルだよ！

答え ▶ **80ページ**

❶ りょうさんは，かいさんが選んだ漢字をあてるゲームをします。

教　数　育　算

　かいさんは，上の漢字の中から1つを選び，りょうさんは次の中から2つを選んで，かいさんに質問をします。

> ①　選んだ漢字に「攵」は使われていますか。
> ②　選んだ漢字に「女」は使われていますか。
> ③　選んだ漢字に「月」は使われていますか。

　かいさんは，質問に「はい」か「いいえ」で答え，答えたようすを図にすると次のようになりました。
　図の㋐と㋑にあてはまる質問を，①～③の中から選びましょう。

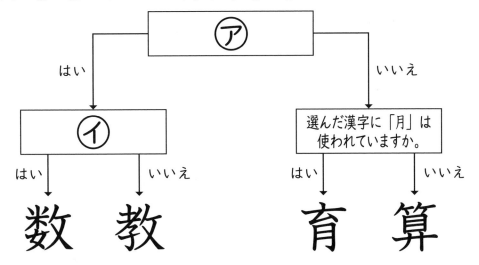

答え　㋐　　　　　　㋑

❷ りょうさんは，けんさんが選んだ漢字をあてるゲームをします。

星 晴 清 算 消 育 花 草

けんさんは，上の漢字の中から1つを選び，りょうさんは次の中から3つを選んで，けんさんに質問をします。

> ① 選んだ漢字に「艹」は使われていますか。
> ② 選んだ漢字に「青」は使われていますか。
> ③ 選んだ漢字に「日」は使われていますか。
> ④ 選んだ漢字に「月」は使われていますか。
> ⑤ 選んだ漢字に「氵」は使われていますか。

けんさんは，質問に「はい」か「いいえ」で答え，答えたようすを図にすると次のようになりました。

図の㋐〜㋓にあてはまる質問を，①〜⑤の中から選びましょう。

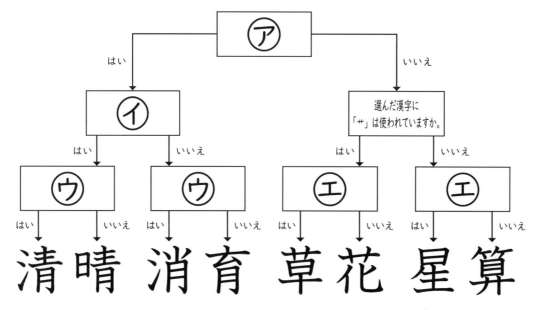

答え ▶ 80ページ

32 まとめテスト

名前

月　日　もくひょう 20分

得点　点

1 1個150円のゼリーをx（エックス）個と，1個250円のケーキを1個買ったら，代金は850円でした。ゼリーは何個買いましたか。　式6点，答え6点【12点】

（式）

答え

2 1mの重さが$\frac{3}{4}$kgの鉄の棒（ぼう）があります。この棒3mの重さは，何kgですか。

式7点，答え7点【14点】

（式）

答え

3 $\frac{7}{8}$Lの重さが$\frac{3}{4}$kgの油があります。この油1Lの重さは，何kgですか。

式7点，答え7点【14点】

（式）

答え

4 水とうに400mLのお茶が入っています。これは，水とう全体のかさの$\frac{2}{5}$にあたります。水とう全体のかさは何mLですか。　式7点，答え7点【14点】

（式）

答え

5 ひろとさんの小学校の6年生は，男子と女子の人数の比が7：8です。女子の人数は48人です。6年生の人数は，全部で何人ですか。 式7点，答え7点【14点】

（式）

答え _____

6 同じ大きさのねん土10ふくろの重さは2kgです。このねん土が15kgあるとき，ふくろの数は何ふくろですか。 式5点，答え5点【10点】

（式）

答え _____

7 A，B，C，D，Eの5チームが，それぞれすべてのチームと1回ずつサッカーの試合をします。試合の組み合わせは全部で何通りありますか。 【10点】

答え _____

8 みゆさんとだいきさんが教室のゆかふきをします。みゆさんが1人でするど30分，だいきさんが1人ですると15分かかるといいます。2人いっしょにすると，何分でゆかふきが終わりますか。 式6点，答え6点【12点】

（式）

答え _____

答え ▶ 80ページ

---

1 **文字と式①** 5~6ページ

1 ①$120×x$
②$120×x=y$
③㋐360　㋑480
④$120×x=960$
　　$x=960÷120$
　　　　$=8$　　　　　　　8

2 ①$x×5=y$
②$80×5=400$　　　　　400

3 ①$x÷5=y$
②$200÷5=40$　　　　　40

4 ①$5-x=y$
②$5-3=2$　　　　　　　2

❷アドバイス xやyなどの文字を使って，数量の関係を式に表します。

3 同じ長さずつに切り分けるというところから，式はわり算になるということがわかります。

4 切り取ったときの残りのリボンの長さを求めるところから，式はひき算になるということがわかります。

---

2 **文字と式②** 7~8ページ

1 ①$8×x=y$
②㋐80　㋑88　㋒96

2 ①$x×3+130=y$
②$x×3+130=910$
　　$x×3=780$
　　$x=260$　　　　　260

---

3 ①$120×x-50=y$
②$120×4-50=430$　　430
③$120×x-50=1030$
　　$120×x=1080$
　　　　$x=9$　　　　9個

4 ①$8×12×x=y$
②$8×12×10=960$　　960

❷アドバイス **4** 直方体の体積を求める公式「直方体の体積＝縦×横×高さ」を使って求めます。

---

3 **分数×整数** 9~10ページ

1 $\frac{2}{7}×2=\frac{4}{7}$　　　　$\frac{4}{7}$m²

2 ①$\frac{1}{9}×3=\frac{1×3}{9}=\frac{1}{3}$　　$\frac{1}{3}$kg
②$\frac{1}{9}×6=\frac{2}{3}$　　　$\frac{2}{3}$kg

3 $\frac{2}{5}×2=\frac{4}{5}$　　　　$\frac{4}{5}$kg

4 $\frac{2}{9}×3=\frac{2}{3}$　　　　$\frac{2}{3}$m

5 $4÷3=\frac{4}{3}$
$\frac{4}{3}×15=20$　　　　　20m

6 $\frac{1}{6}×8=\frac{4}{3}$　　　$\frac{4}{3}\left(1\frac{1}{3}\right)$km

❷アドバイス 答えの分数は，仮分数，帯分数のどちらで表してもかまいません。計算のとちゅうで約分できるときはとちゅうで約分すると計算が簡単になります。

④ 分数÷整数 11~12ページ

1 $\dfrac{3}{5}\div 2=\dfrac{3}{5\times 2}=\dfrac{3}{10}$ $\dfrac{3}{10}\mathrm{m}^2$

2 $\dfrac{6}{7}\div 3=\dfrac{6}{7\times 3}=\dfrac{2}{7}$ $\dfrac{2}{7}\mathrm{kg}$

3 $\dfrac{16}{3}\div 4=\dfrac{4}{3}$ $\dfrac{4}{3}\left(1\dfrac{1}{3}\right)\mathrm{cm}$

4 $\dfrac{4}{5}\div 5=\dfrac{4}{25}$ $\dfrac{4}{25}\mathrm{m}$

5 $\dfrac{3}{4}\div 3=\dfrac{1}{4}$ $\dfrac{1}{4}\mathrm{kg}$

6 $\dfrac{20}{3}\div 4=\dfrac{5}{3}$ $\dfrac{5}{3}\left(1\dfrac{2}{3}\right)\mathrm{cm}$

7 $\dfrac{27}{2}\div 6=\dfrac{9}{4}$ $\dfrac{9}{4}\left(2\dfrac{1}{4}\right)\mathrm{cm}$

アドバイス 「1mあたりの重さ」，「1ふくろの重さ」，…などを求める計算は，わり算になります。数量が分数で表されていても，考え方は変わりません。わり算を使って求めます。わり算でも，計算のとちゅうで約分できるときは約分するようにしましょう。

3 7 平行四辺形の面積を求める公式は，「底辺×高さ」です。

6 正方形は4つの辺の長さが等しいということを使って求めます。

⑤ 分数のかけ算① 13~14ページ

1 $\dfrac{4}{7}\times\dfrac{2}{3}=\dfrac{4\times 2}{7\times 3}=\dfrac{8}{21}$ $\dfrac{8}{21}\mathrm{m}^2$

2 ① $\dfrac{5}{6}\times\dfrac{3}{4}=\dfrac{5\times 3}{6\times 4}=\dfrac{5}{8}$ $\dfrac{5}{8}\mathrm{kg}$

② $\dfrac{5}{6}\times\dfrac{8}{5}=\dfrac{4}{3}$ $\dfrac{4}{3}\left(1\dfrac{1}{3}\right)\mathrm{kg}$

3 $\dfrac{2}{9}\times\dfrac{3}{5}=\dfrac{2}{15}$ $\dfrac{2}{15}\mathrm{kg}$

4 $\dfrac{9}{10}\times\dfrac{5}{6}=\dfrac{3}{4}$ $\dfrac{3}{4}\mathrm{kg}$

5 $\dfrac{8}{9}\times\dfrac{6}{5}=\dfrac{16}{15}$ $\dfrac{16}{15}\left(1\dfrac{1}{15}\right)\mathrm{kg}$

6 $\dfrac{5}{6}\times\dfrac{5}{8}\times\dfrac{3}{4}=\dfrac{25}{64}$ $\dfrac{25}{64}\mathrm{m}^3$

アドバイス **6** 直方体の体積を求める公式「直方体の体積＝縦×横×高さ」を使います。

⑥ 分数のかけ算② 15~16ページ

1 $4\times\dfrac{5}{8}=\dfrac{4\times 5}{1\times 8}=\dfrac{5}{2}$ $\dfrac{5}{2}\left(2\dfrac{1}{2}\right)\mathrm{g}$

2 ① $\dfrac{7}{9}\times\dfrac{3}{5}=\dfrac{7}{15}$ $\dfrac{7}{15}\mathrm{kg}$

② $\dfrac{7}{9}\times 1\dfrac{2}{3}=\dfrac{35}{27}$ $\dfrac{35}{27}\left(1\dfrac{8}{27}\right)\mathrm{kg}$

3 $300\times\dfrac{5}{6}=250$ 250円

4 $12\times 2\dfrac{1}{3}=28$ $28\mathrm{cm}^2$

5 $1\dfrac{2}{5}\times 4\dfrac{4}{9}=\dfrac{56}{9}$ $\dfrac{56}{9}\left(6\dfrac{2}{9}\right)\mathrm{kg}$

6 $1\dfrac{7}{9}\times 5\dfrac{5}{8}=10$ 10dL

アドバイス 整数は，分母が1の分数と考えますが，計算するときは，分母の1は書かなくてもかまいません。帯分数のかけ算では，帯分数を仮分数になおして計算します。

1 $4\times\dfrac{5}{8}$ は，$\dfrac{4\times 5}{1\times 8}$ と計算しても，$\dfrac{4\times 5}{8}$ と計算しても，どちらでもかまいません。

5 $1\dfrac{2}{5}\times 4\dfrac{4}{9}$ は，$\dfrac{7}{5}\times\dfrac{40}{9}$ として，計算します。

1 $3 \times \dfrac{4}{5} = \dfrac{12}{5}$ $\dfrac{12}{5}\left(2\dfrac{2}{5}\right)$km

2 ①$10 \div 60 = \dfrac{1}{6}$

$8 \times \dfrac{1}{6} = \dfrac{4}{3}$ $\dfrac{4}{3}\left(1\dfrac{1}{3}\right)$km

②1時間45分＝105分

$105 \div 60 = \dfrac{7}{4}$

$8 \times \dfrac{7}{4} = 14$ 14km

3 $45 \times \dfrac{1}{6} = \dfrac{15}{2}$ $\dfrac{15}{2}\left(7\dfrac{1}{2}\right)$km

4 1時間15分＝75分

$75 \div 60 = \dfrac{5}{4}$

$80 \times \dfrac{5}{4} = 100$ 100km

5 $18 \times 1\dfrac{1}{4} = \dfrac{45}{2}$ $\dfrac{45}{2}\left(22\dfrac{1}{2}\right)$km

6 $\dfrac{2}{5} \times \dfrac{1}{6} = \dfrac{1}{15}$ $\dfrac{1}{15}$m³

アドバイス **2**のように，時速と，何分かかったかがわかっているときは，分を時間で表すと計算しやすい場合があります。1時間は60分なので，分を時間で表すときは60でわります。

8 **分数のわり算①** 19~20ページ

1 $\dfrac{3}{5} \div \dfrac{2}{3} = \dfrac{3 \times 3}{5 \times 2} = \dfrac{9}{10}$ $\dfrac{9}{10}$kg

2 $\dfrac{2}{5} \div \dfrac{3}{7} = \dfrac{2 \times 7}{5 \times 3} = \dfrac{14}{15}$ $\dfrac{14}{15}$kg

3 $\dfrac{5}{6} \div \dfrac{3}{4} = \dfrac{10}{9}$ $\dfrac{10}{9}\left(1\dfrac{1}{9}\right)$m²

4 $\dfrac{4}{5} \div \dfrac{4}{3} = \dfrac{3}{5}$ $\dfrac{3}{5}$kg

5 $\dfrac{9}{10} \div \dfrac{3}{8} = \dfrac{12}{5}$ $\dfrac{12}{5}\left(2\dfrac{2}{5}\right)$kg

6 $\dfrac{5}{8} \div \dfrac{3}{4} = \dfrac{5}{6}$ $\dfrac{5}{6}$m²

7 $\dfrac{3}{10} \div \dfrac{4}{5} = \dfrac{3}{8}$ $\dfrac{3}{8}$kg

アドバイス 分数のわり算では，わる数の逆数をかけます。

9 **分数のわり算②** 21~22ページ

1 $1200 \div \dfrac{4}{5} = \dfrac{1200 \times 5}{1 \times 4}$

$= 1500$ 1500円

2 $\dfrac{5}{9} \div 1\dfrac{7}{8} = \dfrac{5}{9} \div \dfrac{15}{8}$

$= \dfrac{5 \times 8}{9 \times 15} = \dfrac{8}{27}$ $\dfrac{8}{27}$kg

3 $2\dfrac{1}{3} \div 1\dfrac{3}{4} = \dfrac{4}{3}$ $\dfrac{4}{3}\left(1\dfrac{1}{3}\right)$m

4 $12 \div \dfrac{2}{5} = 30$ 30人

5 $5\dfrac{5}{8} \div 2\dfrac{4}{7} = \dfrac{35}{16}$ $\dfrac{35}{16}\left(2\dfrac{3}{16}\right)$m

6 $1\dfrac{1}{9} \div 1\dfrac{1}{4} = \dfrac{8}{9}$ $\dfrac{8}{9}$kg

7 $1\dfrac{1}{2} \div 1\dfrac{2}{3} = \dfrac{9}{10}$ $\dfrac{9}{10}$kg

アドバイス **1** ぶた肉$\dfrac{4}{5}$kgの値段は1200円です。ここで，買った量が1kgより少ないことに注目すると，1kgの値段は1200円より高くなることがわかります。計算が終わったらこのような点を確かめるとまちがいに気づくことができます。

2 分数のわり算では，帯分数は仮分数になおしてから逆数にするようにしましょう。

1　$30 \div \dfrac{3}{4} = 40$　　　　時速40km

2　$3 \div \dfrac{1}{6} = 18$　　　　18分

3　$40 \div \dfrac{1}{4} = 160$　　　　160a

4　1時間50分 $= \dfrac{11}{6}$ 時間

　　$66 \div \dfrac{11}{6} = 36$　　　　時速36km

5　$2\dfrac{2}{5} \div \dfrac{4}{5} = 3$　　　　3分

6　3時間50分 $= \dfrac{23}{6}$ 時間

　　$23 \div \dfrac{23}{6} = 6$　　　　6km

7　4秒 $= \dfrac{4}{60}$ 分 $= \dfrac{1}{15}$ 分

　　$5 \div \dfrac{1}{15} = 75$　　　　75日

アドバイス　「速さ＝道のり÷時間」です。

4　50分は $\dfrac{5}{6}$ 時間なので，1時間50分は $\dfrac{11}{6}$ 時間となります。

5　$2\dfrac{2}{5} \div \dfrac{4}{5} = \dfrac{12}{5} \div \dfrac{4}{5} = \dfrac{12}{5} \times \dfrac{5}{4}$ と計算します。

6　3時間50分＝230分です。
分を時間で表すには60でわるので，$230 \div 60 = \dfrac{23}{6}$（時間）となります。

7　秒を分で表す場合も60でわるので，$4 \div 60 = \dfrac{4}{60} = \dfrac{1}{15}$（分）となります。

1　① $\dfrac{3}{10} \div \dfrac{3}{4} = \dfrac{2}{5}$　　　$\dfrac{2}{5}$ 倍

　　② $\dfrac{6}{5} \div \dfrac{3}{4} = \dfrac{8}{5}$　　　$\dfrac{8}{5}\left(1\dfrac{3}{5}\right)$ 倍

2　$\dfrac{8}{9} \div \dfrac{2}{3} = \dfrac{4}{3}$　　　$\dfrac{4}{3}\left(1\dfrac{1}{3}\right)$ 倍

3　① $\dfrac{3}{4} \div \dfrac{9}{10} = \dfrac{5}{6}$　　　$\dfrac{5}{6}$ 倍

　　② $\dfrac{9}{8} \div \dfrac{9}{10} = \dfrac{5}{4}$　　　$\dfrac{5}{4}\left(1\dfrac{1}{4}\right)$ 倍

4　① $\dfrac{4}{7} \div \dfrac{2}{3} = \dfrac{6}{7}$　　　$\dfrac{6}{7}$ 倍

　　② $\dfrac{2}{3} \div \dfrac{4}{7} = \dfrac{7}{6}$　　　$\dfrac{7}{6}\left(1\dfrac{1}{6}\right)$ 倍

5　$2 \div \dfrac{4}{5} = \dfrac{5}{2}$　　　$\dfrac{5}{2}\left(2\dfrac{1}{2}\right)$ 倍

アドバイス　数が分数のときも，「比べられる量÷もとにする量＝割合」で，もとにする量の何倍かを求めます。

1① $\dfrac{3}{4}$m の $\dfrac{2}{5}$ 倍は，$\dfrac{3}{4}$m を1とみたとき，$\dfrac{3}{10}$m が $\dfrac{2}{5}$ にあたることを表しています。

2　$\dfrac{2}{3}$kg を1とみるので，比べられる量は $\dfrac{8}{9}$kg となります。

3　メロンジュースの $\dfrac{9}{10}$L を1とみたとき，トマトジュースの $\dfrac{3}{4}$L やオレンジジュースの $\dfrac{9}{8}$L がそれの何倍にあたるかを考えます。

4　①と②は，もとにする量と比べられる量が，反対になるので，①と②の答えはたがいに逆数になります。

5　$\dfrac{4}{5}$L がもとにする量，2L が比べられる量となります。

1 ①$600×\dfrac{5}{4}=750$ 　　750m

　②$600×\dfrac{3}{5}=360$ 　　360m

2 $24×\dfrac{3}{8}=9$ 　　　　　9m²

3 ①$200×\dfrac{3}{5}=120$ 　　120円

　②$200×\dfrac{5}{8}=125$ 　　125円

4 ①$\dfrac{9}{10}×\dfrac{4}{3}=\dfrac{6}{5}$ 　$\dfrac{6}{5}\left(1\dfrac{1}{5}\right)$kg

　②$\dfrac{9}{10}×\dfrac{14}{15}=\dfrac{21}{25}$ 　$\dfrac{21}{25}$kg

⚠️**アドバイス**　何倍を表す数が分数のときも，「比べられる量＝もとにする量×割合」で求められます。

1①　600mを1とみたとき，$\dfrac{5}{4}$にあたる道のりが750mであることを意味しています。

3　チョコレートの値段<small>ねだん</small>の200円を「もとにする量」として，ガムの値段やキャンディの値段を求めます。

4　はるかさんのとった$\dfrac{9}{10}$kgを「もとにする量」として，たけるさん，ゆいなさんのとったみかんの重さを求めます。

1 $x×\dfrac{5}{2}=800$

　　$x=800÷\dfrac{5}{2}$

　　　$=320$ 　　　　320円

2 びん全体のかさをxmLとすると，

　$x×\dfrac{2}{3}=500$

　　$x=500÷\dfrac{2}{3}$

　　　$=750$ 　　　　750mL

3 クラス全体の人数をx人とすると，

　$x×\dfrac{9}{16}=18$

　　$x=18÷\dfrac{9}{16}$

　　　$=32$ 　　　　32人

4 牛乳の量をxLとすると，

　$x×\dfrac{3}{2}=\dfrac{7}{8}$

　　$x=\dfrac{7}{8}÷\dfrac{3}{2}$

　　　$=\dfrac{7}{12}$ 　　　　$\dfrac{7}{12}$L

5 庭の広さをxm²とすると，

　$x×\dfrac{3}{5}=12$

　　$x=12÷\dfrac{3}{5}$

　　　$=20$ 　　　　20m²

6 りんごの重さをxgとすると，

　$x×\dfrac{10}{7}=500$

　　$x=500÷\dfrac{10}{7}$

　　　$=350$ 　　　　350g

7 求める水のかさをxLとすると，

　$x×\dfrac{8}{9}=4$

　　$x=4÷\dfrac{8}{9}$

　　　$=\dfrac{9}{2}$ 　　　$\dfrac{9}{2}\left(4\dfrac{1}{2}\right)$L

⚠️**アドバイス**　「もとにする量×割合＝比べられる量」なので，もとにする量を求めるときは，xを使ったかけ算の式に表すと，考えやすくなります。

1 ①2：3，$\frac{3}{2}$

$\qquad 8 \times \frac{3}{2} = 12 \qquad\qquad$ 12cm

$\qquad$ ②2：3＝8：x

$\qquad\qquad x = 3 \times 4$

$\qquad\qquad\quad = 12 \qquad\qquad$ 12cm

2 $\quad$ 5：2＝250：x

$\qquad\qquad x = 2 \times 50$

$\qquad\qquad\quad = 100 \qquad\qquad$ 100g

3 $\quad$ 横の長さを$x$mmとすると，

$\qquad$ 5：6＝40：x

$\qquad\qquad x = 6 \times 8 = 48 \qquad$ 48mm

4 $\quad$ 赤いリボンの長さを$x$cmとすると，

$\qquad$ 5：4＝x：64

$\qquad\qquad x = 5 \times 16 = 80 \qquad$ 80cm

5 $\quad$ 女子の人数をx人とすると，

$\qquad$ 10：9＝30：x

$\qquad\qquad x = 9 \times 3$

$\qquad\qquad\quad = 27 \qquad\qquad$ 27人

6 $\quad$ 科学の本の数をx冊とすると，

$\qquad$ 8：3＝280：x

$\qquad\qquad x = 3 \times 35$

$\qquad\qquad\quad = 105 \qquad\qquad$ 105冊

⊘アドバイス $\quad$ 比の一方の量を1とみて，求めることもできます。

2 $\quad 250 \times \frac{2}{5} = 100$

3 $\quad 40 \times \frac{6}{5} = 48$

4 $\quad 64 \times \frac{5}{4} = 80$

5 $\quad 30 \times \frac{9}{10} = 27$

6 $\quad 280 \times \frac{3}{8} = 105$

---

1 ①$\frac{3}{5}$，$250 \times \frac{3}{5} = 150 \quad$ 150mL

$\qquad$ ②3：5＝x：250

$\qquad\qquad x = 3 \times 50 = 150$

$\qquad\qquad\qquad\qquad\qquad$ 150mL

2 $\quad \frac{3}{7}$，$56 \times \frac{3}{7} = 24 \qquad$ 24人

3 $\quad 105 \times \frac{2}{7} = 30 \qquad\qquad$ 30mL

4 $\quad 32 \times \frac{5}{8} = 20 \qquad\qquad$ 20本

5 $\quad 1000 \times \frac{3}{5} = 600$

$\qquad 1000 - 600 = 400$

$\qquad\qquad$ あいりさん 600円，

$\qquad\qquad\qquad$ 弟 400円

6 $\quad 72 \times \frac{4}{9} = 32$

$\qquad 72 - 32 = 40$

$\qquad\qquad$ さくらこさん 32cm，

$\qquad\qquad\qquad$ ゆりさん 40cm

⊘アドバイス $\quad$ 等しい比の性質を使って，xを求めることもできます。

2 $\quad$ 男子の人数をx人とすると，

$\qquad$ 3：7＝x：56

$\qquad\qquad x = 3 \times 8 = 24$

5 $\quad$ あいりさんの出す金額をx円とすると，

$\qquad$ 3：5＝x：1000

$\qquad\qquad x = 3 \times 200$

$\qquad\qquad\quad = 600$

6 $\quad$ さくらこさんのリボンの長さを$x$cmとすると，

$\qquad$ 4：9＝x：72

$\qquad\qquad x = 4 \times 8$

$\qquad\qquad\quad = 32$

❶ アとエ

❷ ク

アドバイス ❶ 200gで70円の たまねぎの重さと値段の比は200：70＝20：7となります。アのたまねぎは，400gで140円なので，400：140＝20：7となります。

エのたまねぎは，440gで154円なので，440：154＝20：7となります。

よって，200gで70円のたまねぎはアとエです。

❷ カの牛肉の割合は，$\frac{6}{10}=0.6$

キの牛肉の割合は，$\frac{7}{10}=0.7$

クの牛肉の割合は，$\frac{3}{4}=0.75$

ケの牛肉の割合は，$\frac{5}{7}=0.71428\cdots$

よって，牛肉の割合がいちばん多いものはクです。

17 比例の式とグラフ 37~38 ページ

1　①10，16

②$y=2\times x$

③$y=2\times1.5=3$ 　　　3

2　①ア $y=24-x$

イ $y=x\times4$

ウ $y=1.5\times x$

②イ，ウ

3　①順に，50，100，150，200，250

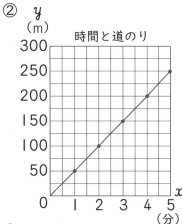

②
y
（m）
時間と道のり

③$y=50\times x$

4　①ア $\frac{1}{2}$　イ $\frac{5}{2}$

②比例（正比例）

③$y=8\times x$

$y=8\times18=144$ 　　　144g

アドバイス 1②　yがxに比例するとき，「$y=$決まった数$\times x$」というようなかけ算の式に表されます。

③　②の式のxに1.5をあてはめてyの値を求めます。

2②　かけ算の式に表されているものを選びます。

3②　表からグラフに点をとって，それぞれの点を直線で結びます。比例する2つの数量の関係を表すグラフは，0の点を通る直線になります。

③　表やグラフから，yの値を求める式を考えます。

4①　16をそれぞれ何倍すれば8や40になるかを考えます。

③　表より，重さ（y）を長さ（x）でわると，いつも8になっているので，$y=8\times x$となります。

18 比例の利用① $\quad$ 39~40ページ

1 ①⑦9　①12　⑨15　②18
　②$y=3×x$
　③13.5cm²

2 ①1000m　②8分
　③200m　　④1000m

3 ①⑦15　①20　⑨25
　②$y=5×x$
　③26cm

4 ①⑦160　①200　⑨240
　②$y=40×x$
　③500m

💬**アドバイス**　**2**④　③より，2人は4分で200mはなれるので，その5倍の20分後では200×5=1000（m）となります。

4③　12分30秒=12.5分より，40×12.5=500（m）となります。

19 比例の利用② $\quad$ 41~42ページ

1 ①250÷50=5
　　8×5=40　　　　　40g
　②8÷50=$\frac{4}{25}$
　　$\frac{4}{25}$×250=40　　　40g

2 ①200÷10=20
　　24×20=480　　　480g
　②1800÷24=75
　　10×75=750　　　750本

3 ①50÷10=5
　　90×5=450　　　450g
　②360÷90=4
　　10×4=40　　　　40枚

4 10×10=100
　36÷15=2.4
　100×2.4=240　　　240cm²

💬**アドバイス**　**2**①　くぎの重さは本数に比例しているので，本数が20倍になると重さも20倍になります。また，くぎ1本の重さから求めると，24÷10=2.4，2.4×200=480となります。

4　図1の厚紙の面積は10×10=100（cm²）です。図1の厚紙と図2の厚紙の重さと面積は比例しているので，比例の性質を使って図2の厚紙の面積を求めます。

20 反比例の式① $\quad$ 43~44ページ

1 ①$y=12÷x$
　②⑦6　　　①4
　　⑨1.5$\left(\frac{3}{2},\ 1\frac{1}{2}\right)$

2 ①$y=500÷x$
　②⑦125　　　　①5
　　⑨50
　③$y=500÷20=25$　　　25L

3 ①反比例
　②$y=8÷x$

4 ①1×24=24　　　　24m³
　②$y=24÷x$
　③⑦8　　①$\frac{24}{5}\left(4\frac{4}{5},\ 4.8\right)$

💬**アドバイス**　**4**①　2×12，4×6からも求められます。

③　⑦$3×y=24$，$y=24÷3=8$
　　①$5×y=24$，$y=24÷5=\frac{24}{5}$

㉑ 反比例の式②   45~46 ページ

1　①$100×30=3000$　　3000m
　②$y=3000÷x$
　③$y=3000÷600=5$　　5分

2　①$y=30÷x$
　②$y=30÷5=6$　　　　6日

3　①18
　②2

4　①$y=80÷x$
　②$y=80÷1=80$　　　80日
　③$x=80÷5=16$　　　16台

アドバイス　3① yがxに比例するので，$4:6=12:y$, $y=6×3$ $=18$, 比例の式は$y=\frac{3}{2}×x$となる。

② yがxに反比例するので，$12×y$ $=4×6$, $y=24÷12=2$, 反比例の式は$y=24÷x$となる。

4① かかる日数は台数に反比例するので，決まった数を求める。機械10台で8日間かかる仕事なので，$10×8=80$

㉒ 並べ方①   47~48 ページ

1　①
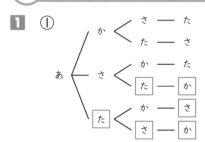

　②24通り

2　①2通り
　②6通り

3　6通り

4　①24通り　②6通り

アドバイス　2① 赤－青－黄, 赤－黄－青の2通りとなります。

3　A－B－C, A－C－B, B－A－C, B－C－A, C－A－B, C－B－Aの6通りとなります。

㉓ 並べ方②   49~50 ページ

1　①
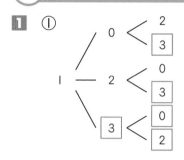

　②18通り

2　①
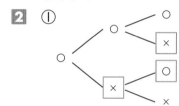

　②8通り

3　①

　　　②12通り

4　①1通り　②3通り

アドバイス　4① 出た数の合計が3になるのは，大，中，小のコインすべてが表になる場合の1通りです。

② 出た数の合計が2になるのは，2枚が表になる場合なので，大と中，中と小，小と大の3通りです。

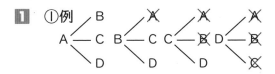

24 組み合わせ方① 51~52 ページ

1 ①例

A―B
A―C
A―D
B―C
B―D
C―D

②例

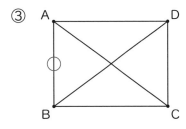

	A	B	C	D
A	＼	○	○	○
B		＼	○	○
C			＼	○
D				＼

③

A―D
B―C
（対角線を含む四角形の図）

2 15通り

3 ①20通り ②10通り

4 ①5通り ②10通り ③15通り

⚡アドバイス **3**① Aを班長とした
とき，副班長はB，C，D，Eの4通
りあります。B，C，D，Eをそれぞ
れ班長とする場合も4通りずつある
ので4×5＝20（通り）となります。
② 調理係2人の選び方は，AとB，
AとC，AとD，AとE，BとC，BとD，
BとE，CとD，CとE，DとEの10
通りです。
4② **1**のように図や表にかいて調べ
ましょう。
③ 1種類だけ選ぶ場合と，2種類
選ぶ場合の数の合計を求めます。

25 組み合わせ方② 53~54 ページ

1 ①6試合 ②3試合

2 15通り

3 4通り

4 6円，11円，15円，51円，55
円，60円

5 ①8通り ②6通り

⚡アドバイス **3** 4種類から3種類
選ぶ組み合わせは，選ばれない1種類
を選ぶことと同じなので，4通りです。

26 表をかいて考える問題① 55~56 ページ

1 ①順に，×，7，×，2
②5個入りのプリン7箱，
2個入りのプリン2箱

2 ①順に，14，18，20
②縦4枚・横5枚，
縦5枚・横4枚

3 5cmのひも6本・
6cmのひも10本

4 縦3枚・横9枚，
縦9枚・横3枚

5 8かご

⚡アドバイス **3** **1**と同じように表
をつくって考えましょう。

例

5cmのひも	ひもの本数	1	2	3	4	5	6
	長さ	5	10	15	20	25	30
残りのひもの長さ		85	80	75	70	65	60
6cmのひもの本数		×	×	×	×	×	10

5 **1**と同じように表をつくって考え
ましょう。

例

7個入りのかご	かごの個数	1	2	3	4
	みかんの個数	7	14	21	28
残りのみかんの個数		101	94	87	80
10個入りのかごの個数		×	×	×	8

㉗ 表をかいて考える問題② 57~58ページ

1 ①⑦2420 ⑦2440
　　②100円のペン20本,
　　　80円のペン10本

2 ①順に730, 860
　　②80円のジュース25本,
　　　50円のお茶15本

3 ①例

100円のなし(個)	0	1	2	…	
110円のもも(個)	16	15	14	…	
代金 （円）	1760	1750	1740	…	1660

　　②100円のなし10個,
　　　110円のもも6個

4 大きい皿15枚, 小さい皿5枚

5 17個

⚠アドバイス **1**② ①の表より, 売
上高は20円ずつ増えるので,
2800−2400=400
400÷20=20…100円のペンの本数
30−20=10…80円のペンの本数

2② ①の表より, 代金の差は, 130
円ずつ増えるので,
1250−600=650
650÷130=5
20+5=25…ジュースの本数
40−25=15…お茶の本数

㉘ 全体を1として考える問題 59~60ページ

1 ①$\frac{1}{6}+\frac{1}{12}=\frac{1}{4}$

　　$1÷\frac{1}{4}=4$　　　　　　4日

　　②$\frac{1}{4}+\frac{1}{4}=\frac{1}{2}$

　　$1÷\frac{1}{2}=2$　　　　　　2日

2 $\frac{1}{30}+\frac{1}{45}=\frac{1}{18}$

　$1÷\frac{1}{18}=18$　　　　　　18分

3 $\frac{1}{20}+\frac{1}{30}=\frac{1}{12}$

　$1÷\frac{1}{12}=12$　　　　　　12分

4 1時間30分=90分
　1時間=60分
　$1÷\left(\frac{1}{90}+\frac{1}{60}\right)=36$　　36分

5 $\frac{1}{8}-\frac{1}{12}=\frac{1}{24}$

　$1÷\frac{1}{24}=24$　　　　　　24日

⚠アドバイス **2** 2人合わせて1分
間に, $\frac{1}{30}+\frac{1}{45}$の草取りをします。

㉙ きまりを考える問題 61~62ページ

1 ①⑦7　　⑦9　　②19枚
　　③$1+2×(x−1)=y$　④39枚

2 ①$x×3=y$　②18cm

3 ①$x×3$個　②12番目

⚠アドバイス **2**① 表から, 1番目
の図形のまわりの長さは1×3=3(cm),
2番目の図形のまわりの長さは2×3
=6(cm), 3番目の図形のまわりの長
さは3×3=9(cm)となるのでx番目
の図形のまわりの長さは, $x×3$(cm)
で求められます。

3① 表から, 1番目の図形のご石の
数は{(1+1)−1}×3=3(個), 2番
目の図形の石の数は{(2+1)−1}
×3=6(個), 3番目の図形のご石の
数は{(3+1)−1}×3=9(個)となる
ので, x番目の図形で使われるご石
の数は{(x+1)−1}×3=x×3(個)

30 場合を考える問題 　63~64ページ

1　①25−11=14　　　　　　14人
　　②18−11=7　　　　　　7人
　　③あめ39個，チョコレート25個

2　①15人
　　②27人
　　③30800円

3　30人

アドバイス　1③　あめ…2×14
+11=39（個）
チョコレート…2×7+11=25（個）

2　1と同じように図をかいて考えると，

サーカス29人　ミュージカル41人
両方□人

①サーカスだけに申しこんだ人数は，全体からミュージカルに申しこんだ人数をひいて求めます。
②ミュージカルだけに申しこんだ人数は，全体からサーカスに申しこんだ人数をひいて求めます。
③両方に申しこんだ人数は，全体からサーカスだけに申しこんだ人数とミュージカルだけに申しこんだ人数をひいて求めます。
56−(15+27)=14
集めるお金は，
500×(15+27)+700×14=30800

3　川に行った人の人数と，山に行った人の人数の和からどちらにも行った人の人数をひいて求めます。
18+21−9=30（人）

31 算数パズル 　65~66ページ

1　⑦① 　①②

2　⑦④ 　①② 　⑦⑤ 　エ③

32 まとめテスト 　67~68ページ

1　150×x+250=850
　150×x=850−250
　　　　　x=4　　　　　　4個

2　$\frac{3}{4}$×3=$\frac{9}{4}$　　　　$\frac{9}{4}$（$2\frac{1}{4}$）kg

3　$\frac{3}{4}$÷$\frac{7}{8}$=$\frac{6}{7}$　　　　$\frac{6}{7}$kg

4　求める量をxmLとすると，
　x×$\frac{2}{5}$=400
　　　x=400÷$\frac{2}{5}$
　　　　=1000　　　1000mL

5　6年生の人数をx人とすると，
　(7+8)：8=x：48
　　　15：8=x：48
　　　　　x=15×6
　　　　　x=90　　　　90人

6　15÷2=$\frac{15}{2}$
　10×$\frac{15}{2}$=75　　　75ふくろ

7　10通り

8　$\frac{1}{30}$+$\frac{1}{15}$=$\frac{1}{10}$
　1÷$\frac{1}{10}$=10　　　　10分

アドバイス　7　A，B，C，D，E
の5チームの組み合わせは，AとB，AとC，AとD，AとE，BとC，BとD，BとE，CとD，CとE，DとEの10通りの組み合わせがあります。

8　教室のゆかふきを1とすると，2人合わせて1分間に$\frac{1}{30}$+$\frac{1}{15}$の教室のゆかふきをします。